삼성 다니는 남편과 까칠한 애 둘 데리고

오스트리아, 스위스, 이탈리아, 베트남,
일본, 캐나다, 오스트레일리아, 칠레,
볼리비아, 남아프리카 공화국 편

삼성 다니는 남편과 까칠한 애 둘 데리고

: 오스트리아, 스위스, 이탈리아, 베트남, 일본, 캐나다, 오스트레일리아, 칠레, 볼리비아, 남아프리카 공화국 편

발행일 2019년 2월 22일

지은이 신백
펴낸이 손형국
펴낸곳 (주)북랩
편집인 선일영
편집 오경진, 권혁신, 최승헌, 최예은, 김경무
디자인 이현수, 김민하, 한수희, 김윤주, 허지혜
제작 박기성, 황동현, 구성우, 정성배
마케팅 김회란, 박진관, 조하라
출판등록 2004. 12. 1(제2012-000051호)
주소 서울시 금천구 가산디지털 1로 168, 우림라이온스밸리 B동 B113, 114호
홈페이지 www.book.co.kr
전화번호 (02)2026-5777
팩스 (02)2026-5747

ISBN 979-11-6299-533-4 04980 (종이책)
979-11-6299-534-1 05980 (전자책)
979-11-6299-543-3 04980 (세트)

이 도서의 국립중앙도서관 출판예정도서목록(CIP)은 서지정보유통지원시스템 홈페이지(http://seoji.nl.go.kr)와 국가자료공동목록시스템(http://www.nl.go.kr/kolisnet)에서 이용하실 수 있습니다.
(CIP제어번호: CIP2019003681)

삼성 다니는 남편과 까칠한 애 둘 데리고

오스트리아, 스위스, 이탈리아, 베트남,
일본, 캐나다, 오스트레일리아, 칠레,
볼리비아, 남아프리카 공화국 편

신백 지음

북랩book Lab

CONTENTS

01
글을 시작하며

언제부터인가 TV의 인기 예능 프로그램 대부분은 '먹거나' '떠나거나' 또는 '떠나서 먹는' 내용이 주류가 되었다. 할배들이 떠난 프로그램이 성공하고 나니, 누나들이 그리고 청춘들이 떠난다. 부모와 자식이, 절친들끼리, 셰프들끼리, 때론 혼자 떠나고, 때론 뭉쳐서 패키지로 뜨기도 하고, 심지어는 외국인들이 그들의 나라를 떠나 한국으로 여행을 오기도 한다. 금, 토요일 심야 황금 시간대에는 거의 모든 홈쇼핑 채널에서 여행 상품을 판매하고, 서점의 목 좋은 코너에는 여행 관련 서적들이 자리를 차지하고 있다. 그 옛날, <퀴즈 아카데미> 7주 우승자나 갈 수 있었던 유럽 여행을, 이제는 국민을 조롱하는 지방의회 의원이 물난리 속에 갈 수도 있고, 피감 기관의 호화 지원을 받은 국회의원이 회기 중에도 당당히 다녀올 수 있는 '참 좋은' 세상이 되었다. 먹고살 만한 세상이 되고, 휴가를 즐기는 문화가 정착되고, 여행 관련 인프라 발달로 정보 습득이 용이해졌으니 여행을 즐기는 인구가 늘어나는 것은 당연하고 자연스러운 일이라 할 수 있겠다.

나는 젊은 대학생 시절에 커다란 배낭을 메고 우리 산천 이곳 저곳을 누비고 다녔다. 인터넷이 없던 시절이라 정보가 부족했지만 여기저기서 묻고 들은 정보를 바탕으로 비용, 시간, 동선 등을 계획하여 최대한 많은 것을 보고 느끼고 또 즐기려 노력했다. 당연히, 당시는 체력도 훌륭해서, 산꼭대기까지 물과 텐트를 지고 올라가 먹고 자며 산을 넘고, 하루에 한두 번 다니는 버스 시간에 맞춰 오지 마을에 들어갔고, 사람의 손길이 닿지 않는 험한 계곡을 거슬러 무릉도원을 찾아다니곤 했다. 그 시절에도 국내를 넘어 전 세계 곳곳을 누비는 꿈을 꾸지 않았던 것은 아니었다. 그러나, 당시는 해외 여행이라는 것이 대중화되어 있지 않아, 정보가 많이 부족했고, 무엇보다도 비용 면에서도 많은 부담이 되었다.

중년에 접어든 이 시점에서 생각해 보면, 인생의 가장 큰 딜레마 중 하나가 바로 이런 것이 아닐까 한다. 몸과 마음이 가볍고 꿈이 많던 그 좋은 시절에는 지적으로 미숙하며 경제적으로 부족함이 많았다. 반대로, 연륜이 되어 세상을 좀 알 만하다 싶고 주머니 사정도 좋아질 즈음에는 이미 체력과 건강에 경고등이 들어오며, 현재의 내 자리를 비워 놓고 훌훌 떠날 정도로 마음이 가볍지 못한 상황에 처하게 된다. 이런 사정은 월급쟁이 직장인이든 자영업자든 마찬가지일 것이다. 게다가 자녀들 학년이 올라가다 보면 생계 전선의 부모 못지 않게 학업 전선의 자녀 스케줄 비우기가 쉽지 않다. 건강한 몸, 꿈과 열정, 지혜와 지식, 그리고 시간과 금전의 여유를 동시에 모두 갖추기란 사실상 불가능한 게 아닐까 한다.

그렇게 시간은 계속 흐르고,

또 그렇게 점점 '떠나지 말아야 할 이유'가 늘어만 간다.

그러다 보니, 그저 그 나이에, 그때의 상황에 맞춰 그냥 그렇게 살아가곤 한다. 3박 5일 동안의 동남아 어느 호텔 수영장 물놀이 무용담(武勇談)을 학부모 모임에서 자랑하며 만족하기도 하며, '찍고 도는' 10박 12일 유럽 패키지 여행 뒤에 남은 낭만과 여운의 힘으로 할부금의 무게를 버티며 산다. 좀 더 의지가 있는 이들은 '과감하고 무모하게' 사표를 쓰고 여행 전문가가 되어, 세계를 방랑하기도 한다. 그리고 대부분은 이런 이들을 부러워하며, 나도 어딘가를 누구처럼 가 보겠다는, 어찌 보면 먹고살기 힘들고 일하느라 놀 시간이 없었던 세대들은 꿈도 꾸지 못했던 고민을 하며 오늘도 다람쥐 쳇바퀴 도는 듯한 현실의 삶을 살고 있다.

정말 쳇바퀴 돌 듯한 일상 속에 모든 것이 '훅' 지나가버렸다.

주변에는, 바쁜 직장 생활 속에 눈치 보며 얻은 휴가로 에어컨 빵빵한 동남아 리조트에서 낮잠을 즐기다 면세품을 사서 귀국하는 중년 부부도 있고, 여행홀릭이 되어 잘 다니던 직장을 때려치고 세계를 유랑하는 30대 배낭족도 있다. 모두 주어진 환경과 여건하에서 일과 삶, 현실과 꿈 사이에서 갈등하며 그에 맞는 삶을 살고 있는 것 같다. 그리고, 나와 내 가족은 그 중간 정도에 스탠스를 잡으려 노력하며 살아왔다. 직장과 학교의 — 불문법(不文法) 위반은 되겠지만 — 성문법(成文法) 위반은 되지 않는 수준에서, 직장인 수준에서는 조금 긴(?) 휴가로 젊은 배낭족들이나 가 볼 수 있는 곳들을 아이들 손을 잡고 찾아다니고, 좁은 땅에 태어난 한을 풀어 보기 위해 며칠씩 버스나 기차를 타고 대륙을 관통하기도 한다. 비즈니스석을 타도 힘들 수 있는 비행 일정을, 두세 번씩 경유하는 값싼 이코노미 항공권으로 소화하며, 지구 반대쪽 산속에서 먹을 라면과 김치를 트렁크에 채워 들고 택시비를 아껴 가며 버스나 지하철로 이동한다.

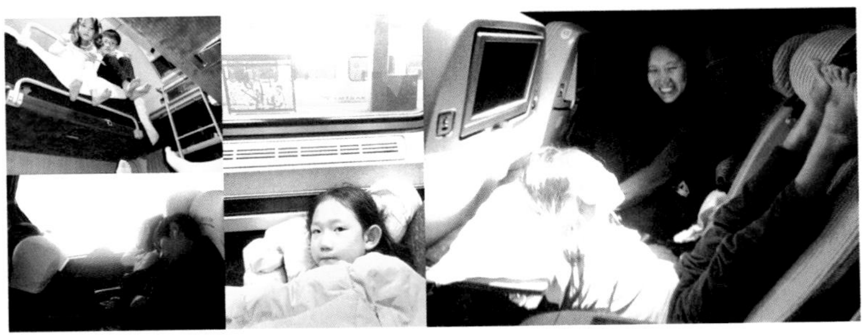

먼 길을 가는 것도 여행과 인생의 중요한 일부이다.

이 책에서 기술하는 우리의 여행기와 가족사는, '핵폭탄' 같은 여행 경비로 인해 가정 경제가 어려움을 겪지 않게 하면서도, 평범하게 직장 생활과 학교 생활을 하며, 오래전부터 꿈꿔 왔고 지금도 동경하고 있는 세계 여러 곳으로의 여행과 모험(?)에 대한 스토리이다. 어떻게 그런 것이 가능했는지에 대한 대답은 들어 있지 않다. 단지, 아직도 소년 시절의 꿈을 잊지 않고 느리지만 가족과 함께 그 꿈을 차곡차곡 이루어 가고 있는 월급쟁이 여행자가 있다는 사실을 알려주는 것만으로도 힘든 현실에 찌들어 살고 있는 또 다른 직장인들에게 동기 내지 대리 만족을 줄 수 있지 않을까 한다.

그동안 여행했던 도시, 나라와 우리 가족에 대한 이야기를 풀어 보려 한다. 보통의 여행 책자에서 볼 수 있는 도시별 추천 맛집이나 추천 숙소 등 인터넷에서 쉽게 확인할 수 있는 정보를 열거하지는 않을 것이다. 어떻게 루트를 잡아야 효율적으로 '다 둘러볼' 수 있는지에 대한 대답도 이 책에는 싣지 않겠다. 그런 면에서 최고 효율을 자랑하는 패키지 여행자가 아니기 때문이다. 또한, 일반화되기 어려운, 저자의 개인적인 감상이나 느낌을 길게 늘어 놓아 지면을 채우지도 않겠다. 자칫, 저자의 시각이 독자의 눈에 콩깍지가 되어 독자의 투명한 시야를 흐릴 수도 있기 때문이다. 대신, 그곳들을 여행하며 느끼고, 생각하고, 우리 아이들에게 들려주었던, 그래서 독자들도 공감할 수 있고 훗날 가족과 함께할 여행자라면 자녀들에게 들려줄 수 있는 이야기를 — 역시 저자의 주관이 들어가겠지만 — 나누어 볼까 한다.

여행기를 쓰기 위해 여행을 한 것은 아니었다. 이제 와서 뒤돌아보니, 그때 보지 못하고 느끼고 생각하지 못했던 것들이 하나둘 보이고 느껴지고 또 떠오른다. 그런 것들을 이제 와서 글로 정리하다 보니, 멋진 사진이 없는 게 아쉽고, 시간이 없어 스치고 지나친 곳이 많아 아쉽다. 미리 양해를 구하건대, 전문 여행자나 블로그 운영자가 아니다 보니 간간히 들어가는 사진의 퀄리티는 높지 않을 것이다. 또, 우리가 한 것은 다 좋은 것이라는 논리는 펴지 않겠다. 직장인 부모와 학교 다니는 자녀들의 일정이다 보니 해 본 것보다 하지 못해 아쉬운 것들이 더 많았던 것이 사실이다. 우리가 선택하고 후회한 것들, 하지 못해 안타까워한 것들, 다른 제약 때문에 포기해 아쉬워한 것들, 그래서 다시 그곳을 찾는다면 놓치고 싶지 않은 것들, 모두를 — 때로는 더 많은 지면을 할애하여 — 기술할 예정이다.

없어지거나 잘못 찍은 사진들은 아쉬움을 남기기도 하지만,
언젠가 다시 찾고픈 애틋함을 유발하기도 한다.

현실의 삶이 팍팍한 것은 경중(輕重)의 차이가 있을 뿐, 누구에게나 마찬가지일 것 같다. 마치 일 중독 환자처럼 직장과 일에 빠져 계절이 바뀌는 것도 모른 채, 본인이 늙어 가는 것도 모른 채, 아이들의 예쁜 시절이 지나가는 줄도 모른 채 그리고 그 지나간 시절이 다시 오지 않는다는 것도 — 모를 리야 없겠지만 — 모른 채, 그 팍팍한 현실과 싸우고 있는 직장인들이 우리 주위에는 너무도 많다. 내가 없으면 큰일 날 것 같겠지만, 내가 없어도 직장과 세상은 잘 돌아간다. 반면, 내가 자리를 비우는 사이 내 책상이 없어질 것 같지만, 내 휴가가 끝나기만을 손꼽아 기다리는 동료들도 있다. 걱정 말고 떠나도 될 만큼 우리를 둘러싼 사회와 세상은 이미 충분히 너그러워졌다. 무언가 도전하기에, 가슴이 떨리는 지금이 내 인생에서 가장 젊은 날이지 않은가.

무언가를 시작하지 못하는 이유는 '몰라서, 힘들어서, 돈이 없어서, 애가 어려서, 시간이 없어서'이기보단 '용기가 없어서'인 경우가 많다.

02

Wien & Austria

첫애가 기저귀를 차고 기어 다닐 때니, 아마 신혼 때였던 것 같다. 대학원생 아파트에서 살 때였는데, 당시 알고 지내게 된 또래의 친구, 이웃들과 인생의 중장기 플랜에 대해 얘기를 했다. 대부분의 나이는 서른 살 언저리로 비슷했고, 생각하고 말하는 내용도 서로 크게 다르지 않은, 딱 한국 표준들이 모여 표준 수준의 대화를 나누었다. 언제까지 얼마를 모아서, 언제쯤 몇 평짜리 집을 사고, 언제쯤 어떤 차를 사고, 몇 살 때쯤 유럽 여행을 한 번 다녀오고… 아마 이런 얘기들이 오고 갔던 것 같다. 나는 당시 그 자리에서는 아무 말도 없이 그들의 얘기를 듣고만 있었다. 그리고 언젠가 늦은 저녁, 우리 부부도 인생의 마일스톤에 대해 얘기를 나누었다. 듣고만 있었던 그 자리 친구들의 얘기들을 꺼내어 하나하나 되짚어 보기도 하고, 악착같이 살아 온 우리 부모 세대의 이야기, 멀리 사는 친척 이야기, 그리고 더 먼 곳에 사는 또 다른 지인들의 이야기까지, 참고가 될 만한 것들은 모두 대화의 소재가 되었다.

그렇게 맥주와 함께 늦은 밤까지 긴 시간의 대화가 이루어졌고, 그

때 내놓은 결론은 '집도 차도 아닌 빈'이었다. 좀 더 구체적으로, 마흔 살이 되기 전에 빈 무지크페라인(Musikverein)에서 열리는 빈 필하모닉 오케스트라의 신년 음악회에서 — 가능하면 좋은 자리에 앉아서 — 지휘에 맞춰 박수 치며 요한 슈트라우스(Johann Strauss I, 1804~1849)의 「라데츠키 행진곡(Radetzky March, Op.228)」을 앙코르 곡으로 듣자는, 어찌 보면 소박하지만 결코 소박하지만은 않은 이정표를 세웠다. 뜬금 없어 보이지만, 그렇게 '마흔 전에 빈 필 신년 음악회'라는 이정표가 세워졌다.

어느덧, 나이는 이미 불혹(不惑)을 훌쩍 넘었다. 그리고, 안타깝게도 그때 세운 목표는 이루지 못했다. 빈에 가긴 했는데, 때가 가을이다 보니, 신년 음악회는 관람하지 못했고, 빈 필 신년 음악회를 듣긴 했는데, 빈 무지크페라인이 아닌 서울 세종문화회관 맨 뒷자리에서였다. 그러는 사이 큰애는 고등학생이 되었고, 둘째는 어느덧 이른 사춘기를 지나고 있다. 다음 목표는 '50세 이전, 베를린 필의 제야(除夜) 음악회'인데, — 아직 시간이 좀 남았지만 — 역시 아직 이루지 못했다.

필자에겐 그런 아쉬움과 그리움의 도시인 빈은 잘 알려진 대로 오스트리아의 수도이자 잘츠부르크(Salzburg)와 더불어 오스트리아를 넘어 세계적으로 손꼽히는 음악의 도시이다. 오스트리아와 빈에 대한 막연한 동경을 갖고 있었던 우리는 오스트리아를 관통하는 초고속 열차 RJ(Railjet)를 타고 빈 서역(Wien Westbahnhof)을 통해 빈에 입성했다.

독일, 오스트리아 등 독일어권 도시들에서는 역을 bahnhof라 한다. 중앙역은 Hauptbahnhof(Hbf), 동역은 Ostbahnhof(Obf), 서역은 Westbahnhof(Wbf)로 통용되며, 이 역들은 도시 간 기차와 S-bahn, U-bahn, tram 등의 노선이 교차하는 교통과 관광의 중심지가 되는 경우가 많다.

베토벤… 볼츠만

아마 빈에서 가장 저평가된 곳은 빈 중앙 묘지(Wien Zentralfriedhof)가 아닐까 싶다. 묘지에 대한 선입견 때문인지 몰라도, 여행자가 낯선 도시에서 굳이 묘지를 찾아가는 선택을 하기는 쉽지 않은데, 도시 남동쪽에 위치한 빈 중앙 묘지(Wien Zentralfriedhof)는 묘지라기보다는 공원과 같은 느낌을 주는 편안한 장소이다. 총 면적 240만㎡에 35만 개의 묘가 있는 이곳은 1881년 당시 유명인들의 묘소를 한자리에 모아 지금 모습을 갖추었으며 2001년 유네스코 세계문화유산으로 등록되었다.

규모가 워낙 커서 묘지로 들어가는 트램 정류장만 4개이며, 관광 목적으로는 2문(Tor2)으로 들어가야 한다. 우리는 S-Bahn Zentralfriedhof 정거장에서 내려 후문으로 진입하는 바람에 공원 중심부까지 비바람 속에 지도를 봐 가며 헤매야 했다. 후문에서 정문까지 꽤 먼 거리를 궂은 날씨에 걸어도 힘들지 않을 만큼, 조경이 잘되어 있어 편안하게 산책하는 기분을 느낄 수 있다. 중간에 만난 묘지 관리인에게 우리가 찾는 묘지를 묻자, 친절하게 메모장을 꺼내 해당 묘의 번호를 써 주셨는데, — 유럽인들의 숫자 '1'은 그때도, 지금도 '7'에 가깝게 보인다 — '7'로 보았던 '1'을 '1'로 이해하게 된 건 비바람 속을 한참 더 헤매고 난 후였다.

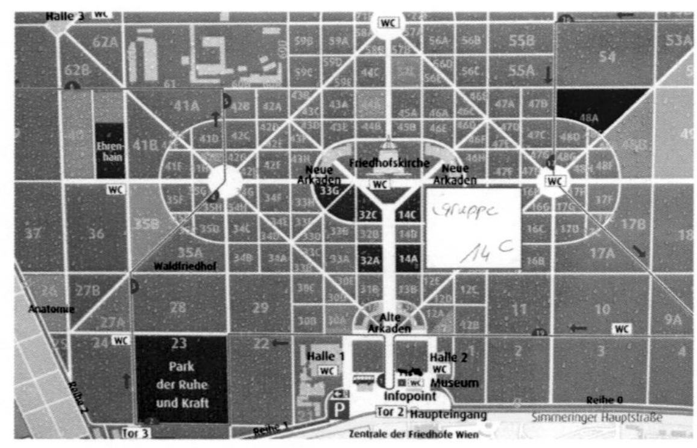

트램에서 내려 2문(Tor2)으로 들어가 묘지 내 성당(Friedhofskirche)을 마주보며 걷다 보면, 베토벤과 볼츠만을 쉽게 만날 수 있다.

이곳에서 가장 주목할 지점은 뭐니 뭐니 해도 '32A의 Musiker', 즉 음악가 구역이다. 클래식 음악에 대해 문외한이라도 누구나 알고 있는 **베토벤**(Ludwig van Beethoven, 1770~1827), 슈베르트(Franz Peter Schubert, 1797~1828), 브람스(Johannes Brahms, 1833~1897), 요한 슈트라우스 2세(Johann Strauss II, 1825~1899) 등의 묘가 한 구역에 몰려 있다. 모차르트(Wolfgan Amadeus Mozart, 1756~1791)는 공식적으로 확인·인정된 묘가 없는 관계로, 베토벤과 슈베르트 사이에 가묘(假墓) 또는 기념비를 세워 그를 기리고 있다. 다른 시대를 살고 있지만, 이런 대가들과 이렇게 공간이라도 공유한 경험은 — 특히 자녀들에게 — 오래 남는 기억이 된다. 이곳을 자녀들과 방문할 계획인 여행자들은 각 작곡가의 자장가 정도는 들려주고 방문하길 바란다.

베토벤과 슈베르트, 그리고 그 사이의 모차르트 가묘　　요한 슈트라우스 2세와 브람스

개인적으로는 음악가 구역보다는 과학자 구역의 **볼츠만**(Ludwig Eduard Boltzmann, 1844~1906)을 만나고 온 것에 감격했다. 위대한 물리학자를 꼽으라면 대부분은 뉴턴(Sir Isaac Newton, 1642~1727)과 아인슈타인(Albert Einstein, 1879~1955)을 떠올리겠지만, 엔트로피(entropy)를 도입하여 열-통계 물리학을 정리한 볼츠만의 업적은 결코 그들의 그것에 모자라지 않는다. 볼츠만의 업적으로 우리가 흔히 쓰고, 얘기하는 '온도'를 — 온도는 엔트로피를(?) 에너지로 편미분한(?) 값의 역수(?) — 정의(定義)할 수 있다. 묘에는 그의 두상과 찬란하고 위대한 — 격하게 이해될 수도 있고, 또는 싸늘하게 외면받을 수도 있는 — 그의 등식이 머리 위에 펼쳐져 있다.

k는 온도와 에너지의 매개 상수로, 볼츠만 상수라 불리며 그 값은 $1.38064852 \times 10^{-23}$J/K이다.

나폴레옹 vs. 메테르니히

17, 18세기 부를 축적한 영국과 프랑스의 부르주아 계급은 혁명을 통해 전제 군주하의 구체제를 타파하고 정치, 사회 질서를 새로 만들어 나아간다. 혁명 중 왕의 목이 달아나는 일도 있었지만, 영국의 변혁기는 비교적 이른 시기에 온건하게 정리된 반면(1642년 청교도혁명, 1688년 명예혁명), 대륙의 프랑스에서는 수차례 진보와 보수가 엎치락뒤치락하며(1789년 대혁명, 1830년 7월혁명, 1848년 2월혁명) 길고 다이내믹한 역사를 써 나아간다. 대혁명기에 왕이 민중들에 의해 단두대에서 처형당하는 일은 단지 프랑스만의 사건이 아니었다. 주변 전제 군주들은 '과격한' 프랑스식 혁명의 불길을 차단하여 그들의 '목'을 보전하려 했고, 이들의 저항으로, 유럽 전체는 새로운 격동의 시기로 들어선다. 이후 유럽에는 프랑스 대 반(反)프랑스 전선이 만들어졌고, 프랑스와 **나폴레옹**(Napoléon Bonaparte, 1769~1821)에 대항하는 반프랑스의 중심은 합스부르크(Habsburg) 제국의 수도, 오스트리아 빈이었다. 유럽 최장수 왕가였던 합스부르크 왕정하의 오스트리아는 주변국에서 벌어지는 시민 계급 주도의 정치, 사회적인 변화를 반가워할 리 없었기 때문이다.

반프랑스 연합은 결국, 나폴레옹의 프랑스 군대를 패퇴시켰으며, 왕정 복고를 이루었다. 나폴레옹 몰락 후 유럽의 정치 질서를 혁명 전으로 복고시키려는 열강 회의는 오스트리아 외상 **메테르니히**(Klemens Wenzel Lothar Fürst von Met'ternich, 1773~1859) 주도하에 빈에서 열렸으며, 이후 오스트리아는 신성동맹(神聖同盟, Heilige Allianz, 1815), 4국 동맹 등의 수구 연합 체제를 만들어, 다시 왕을 단두대로 보내려는 공화주의자들과 계급 혁명을 꿈꾸는 사회주의자들을 탄압하고, 역사의 진보를 막아서려 했던, 그 격렬했던 혁명의 세기에 보수와 반동의 중심지 역할을 했다. 이후, 합스부르크 왕가의 절대 왕정은 1918년 1차 세계대전 종료 시까지 이어졌으며, 주변국들에 비해 정치, 사회는 물론 산업, 경제 분야의 발전도 더디게 이루었다.

그러나, 아이러니하게도 20세기까지 길게 이어진 절대 왕정과 이로 비롯된 왕실, 귀족 문화는 지금의 빈을 방문하는 관광객들에게 고전적인 유럽 전통의 도시 풍경과 낭만적인 분위기를 고스란히 제공해 준다. 유럽 전체를 휩쓸어 버릴 수도 있었던 오스만 대군의 1529년과 1683년 침공을 물리친 것도 — 운도 많이 따랐지만 — 합스부르크 절대 왕정의 힘이 있었기에 가능했다. 빈을 둘러싼 오스만 대군의 포위 공격을 막아내었던 두 번의 빈 공성전(攻城戰)에서 무너졌다면, 오스트리아만이 아닌 서유럽의 역사와 문화는 — 좋은 방향일 수도, 그렇지 않은 방향일 수도 있겠지만 — 지금과는 확연히 달라졌을 것이다. 또, 우리가 알고 있는 수많은 오스트리아 음악가들은 대부분 왕실과 귀족 가문들에게 월급을 받으며 그들의 업적을 이룰 수 있었다. 그들의 지원이 없었다면, 아마 대부분은 악상(樂想)이 떠올랐어도 이를 악보로 만들 종이와 펜도 구하지 못했을 것이다. 바로크 양식을 제대로 보존하고 있는 쇤부른(Schönbrunn), 벨베데레(Belvedere) 궁전과 정원, 모차르트의 결혼식과 장례식이 거행된 고딕 스타일의 전형인 슈테판 성당(Stephansdom) 등의 고건축물들 역시 초고위층에게 집중된 부의 힘으로 만들어진 것이다. 여전히 왕실의 로망을 가지고 있을 것 같은 전통 레스토랑들을 시내에서 쉽게 볼 수 있고, 수많은 음악회, 무도회 그리고 오페라 공연이 이제는 왕실과 귀족들만이 아닌 대중들을 상대로 일 년 내내 열린다. 어찌 보면 그토록 보수적이었던 그 시절의 빈이 그 시절의 낭만을 보존하여 지금의 빈에게 물려준 것이다.

구스타프와 구스타프

앞에서 얘기한 대로 주변국들이 혁명의 소용돌이 속에서 격변의 시절을 보내는 동안에도 오스트리아 절대 왕정은 굳건했다. 왕가의 시작을 언제로 보느냐에 따라 달라지겠지만, 합스부르크 왕가의 오스트리아 통치는 적어도 600년 이상 유지되었다. 그러나, 그것도 끝은 있었고, 그때가 대략 19세기 말 무렵이었다. 부를 축적한 시민 계급들의 발언권이 높아지면서 구체제하에서 답답해하던 당시 지식인, 예술인들의 새로운 시도가 사회, 문화 그리고 예술 분야에서 활발히 전개되었고, 그 중심은 '보수적인 빈'이었다. 19세기말 빈은 보수적이었지만 한편으로는 유럽 곳곳에서 모인 예술가들에 의해 다양한 혁신과 진보가 이루어진, 매우 역동적인 도시였던 것이다. 그래서인가 혹자는 '세기말의 비엔나가 없었다면, 오늘의 비엔나는 없었다'라고 말하기도 한다.

그 역동적인 시기에 저항적인 지식인, 예술가 등이 모여 구전통에 이의를 제기하며, 특권 세력과 '분리'된 새로운 변화를 추구하려는 운동이 활발히 전개되었는데, 그 구심점이 바로 '빈 분리파(Wien Sezession)'였다. 분리파가 창간한 《신성한 봄(Ver Sacrum)》이라는 잡지의 모토는 '각 시대에는 고유한 예술을, 예술에는 자유를(Der Zeit Ihre Kunst, der Kunst Ihre Freihit)', 쉽게 말해 '예술 문화계 블랙리스트, 화이트리스트' 등을 통한 관 주도의 예술 통제에 대한 분명한 반대와 저항이었다.

분리파를 이끌었던 예술가가 바로 현재 오스트리아 미술을 대표하는 **구스타프** 클림트(Gustav Klimt, 1862~1918)이다. 당연히 클림트 작품들은 — 잘 알려진 그의 대표작에서 볼 수 있듯이 — 당시 기득권 계급에게는 쉽게 받아들여질 수 없는 이단 취급을 받으며 여러 차례 주류 사회에 파문을 일으킨다. 당시에는 포르노 미술, 성 도착증 환자의 작품이라고 비판받으며 외설 시비에 휘말리기도 했다. 클림트는 성욕을 삶의 결정적인 요소로 보아 — 프로이트(Sigmund Freud, 1856~1939)의 영향도 컸을 듯하다 — 중요시했는데, 당시로서는 매우 충격적이었으나 표현주의와 초현실주의까지 영향을 미치는 근대 에로티시즘의 시초임은 확실하다. 비전문가들도 에곤 쉴레(Egon Schiele, 1890~1918)나 오스카 코코슈카(Oskar Kokoschka, 1886~1980) 등의 표현주의 작가들의 작품에서 어렵지 않게 클림트의 그림자를 찾을 수 있다. 여담이지만, 클림트는 죽을 때까지 독신이었지만 14건의 친자 확인 소송에 휘말렸다고 하니 그의 여성 편력은 뜬 소문만은 아니었던 것 같다.

건축에도 많은 변화가 있었다. 분리파 운동에는 오토 바그너(Otto Koloman Wagner, 1841~1918), 요제프 호프만(Josef Hoffmann, 1870~1956) 등의 건축가들도 참여하여 — 역시 기득권의 저항과 비판을 받았지만 — 고전 도시 빈을 지금의 빈으로 개조해 놓았다.

빈의 중심가인 케른트너 거리(Kärntner Strasse)를 걷다 보면, 클림트 생전에는 외설로 비난받던 그의 그림들을 거리 곳곳에서 볼 수 있다.

구스타프 클림트의 총 감독하에 개최된 분리파 전시회에서 클림트가 개회식의 음악을 맡긴 사람은 또 다른 **구스타프**였다. 빈 오페라의 상임 지휘자였던 구스타프 말러(Gustav Mahler, 1860~1911)는 화가의 딸과 결혼을 하였는데, 그녀를 통해 분리파 회원들과 교류를 하며 자연스럽게 클림트와도 알게 되었고, 지적 교감을 나누는 사이가 되었다. 말러가 작곡한 많은 작품들은 분리파 회원들과의 교류를 통해 얻은 영감이 바탕이 되었다고 한다. 말러는 오스트리아의 폐쇄적인 분위기를 못 이기고 미국으로 건너갔고, 1909년부터 생을 마칠 때까지 뉴욕 필하모닉 오케스트라의 지휘를 맡는다.

말러는 작곡가로서도 많은 업적을 남겼는데, 그의 교향곡들은 스케일이 매우 웅장하며 난해하다. 그 난해함은 청중에게만이 아닌 연주자에게도 해당하여, 말러 교향곡은 외국 유명 관현악단의 연주 또는 그들의 음반으로나 감상이 가능했었다. 최근에는 우리나라 오케스트라도 상당한 수준이 되어, 말러 교향곡 연주회를 가까운 곳에서 저렴한 티켓가로 즐길 수 있게 되었다. 필자도 수차례 말러 교향곡에 도전(?)해 보았지만 말러의 깊이와 넓이를 이해하기에는 아직 많이 부족함을 인정하지 않을 수 없다.

MQ

우리 가족도 그랬지만 빈을 다녀온 이들은 늘 아쉬움을 갖는다. 그 아쉬움은 공통적으로 시간 부족이다. 대부분의 유럽 여행자들은 여행 루트를 계획할 때, 빈에 그리 많은 시간을 배정하지 않는다. 동유럽 코스를 엮으며 빈 여행을 계획하는데, 상대적으로 물가가 비싼 빈에서는 하루나 이틀 정도만 머무르는 게 보통이다. 그러나, 막상 빈에 들어가 보면 할 거리, 볼거리가 넘쳐나 눈물을 머금고 '선택과 집중'을 하곤 한다. 빈에 넘쳐나는 볼거리 중 하나가 바로 **MQ**(Museum Quartier, 박물관 지구 또는 박물관 구역)에 들어선 수많은 박물관과 미술관들이다.

약 60,000㎡의 면적의 MQ는 오스트리아를 넘어 세계 최대 문화 단지로 빈 시민들이 가장 사랑하는 장소 중 하나이다. 이 구역은 1713

년 합스부르크 왕실에서 말과 마차를 관리하기 위한 시설을 만든 마차(馬車) 전용 시설이었으나 자동차의 발달로 말과 마차의 사용이 줄어들고 1차 세계 대전 후 왕정이 종식되면서 빈 공간으로 남게 되었다. 간혹, 박람회 등 문화 이벤트를 위한 장소로 사용되긴 했으나, 이 지역의 개발에 대한 논의가 시작된 건 1980년대 들어와서였다. 구역 개발 방향에 대해, 정부, 시 그리고 시민들 간의 기나긴 토론과 논쟁이 이어졌고, 1990년대 들어와서야 문화 공간으로의 개발에 대한 합의에 이를 수 있었다. 이후 개발 진행 과정에서도 수많은 반대에 부딪혀 공사 중단 등의 난관을 만나기도 했으나, 합리적인 토론과 의견 수렴을 통해 합의를 이루고, 지금의 모습을 갖추어 나간다. MQ는, 요즘 우리 사회에서도 얘기되는 숙의민주주의(熟議民主主義, Deliberative/Discursive Democracy)의 결과물인 것이다.

MQ에는 다음의 박물관, 미술관 등이 위치한다. 앞에서 얘기한 대로, 다 보기에는 시간이 부족할 듯하다.

- **Architekturzentrum Wien(Az W, Center of Architecture Vienna, 빈 건축 센터)**
- **Kunsthalle Wien(빈 미술관)**
- **Kunsthistorisches Museum Wien(빈 미술사 박물관)** 빈을 넘어 오스트리아를 대표하는 미술관으로, 양으로는 모르겠지만 질적으로는 유럽 최고의 미술관
- **Leopold Museum(레오폴드 미술관)** 에곤 쉴레 작품을 보려면 들러야 하는 곳

- **MUMOK(MUseum MOderner Kunst, 현대미술관)**
- **Naturhistorisches Museum Wien(빈 자연사 박물관)**
- **Quartier21(Q21)** 젊은 예술가들을 위한 공간
- **Tanzquartier Wien(빈 무용예술관)**

이 외에도, 많은 공방들이 입주하여 젊은 예술가들 또는 예술을 하고자 하는 학생들을 지원하고 교육하고 있다. MQ에는 과거 예술의 전시만이 아닌 현재 예술이 만들어지고 있는 젊고 상상력 넘치는 많은 장소들이 있고, 더 나아가 MQ만이 아닌 빈 시내 곳곳에 시간을 내어 들러 볼 만한 전시장들이 많이 있으니, 위 리스트에 제약받을 필요는 없을 것 같다. 오래 머물며 제대로 빈을 보고 갈 여행자들은 '빈 패스(Wien/Vienna Pass)' 또는 '빈 시티 카드(Wien/Vienna City Card)' 등을 구입해서 동선을 짜면, 교통비나 입장료 등을 절약할 수 있다. 손익 분기점을 잘 따져서 선택해야 한다.

MQ 최고의 장소는 위에서 열거한 박물관들이 아닌 광장 여기 저기 놓여 있는 '보라색 의자'인 것 같다. 폭우나 혹한이 아닌 날이라면 자리 선점을 위한 경쟁도 상당히 치열하다. 실외에 놓인 구조물이라 푹신한 편안함을 기대할 수는 없지만 앉은 듯 누워 하늘과 행인들을 바라보며 MQ의 자유로움을 느낄 수 있는, MQ 최고의 장소가 아닌가 한다.

빈 필하모닉 오케스트라

잘 알려진 대로 빈은 음악의 도시이다. 잘츠부르크에서 태어난 모차르트와 독일 본(Bonn)에서 태어난 베토벤이 인생의 후반부를 보낸 곳이자, 슈트라우스 가문이 뿌리를 두고 있는 곳이다. 하이든(Franz Joseph Haydn, 1732~1809), 슈베르트, 앞서 얘기한 말러와 브루크너(Anton Bruckner, 1824~1896)도 이곳을 주무대로 활동했었다. 그만큼 음악적인 역사와 전통이 깊은 도시이다.

빈 내의 음악 관련 주요 지점으로는 오페라 공연을 하는 슈타츠오퍼(Staatsoper), 팝 클래식 음악의 중심 콘저르타우스(Konzerthous), 그리고 **빈 필하모닉 오케스트라**의 본거지인 무지크페라인이 있다. 앞에서 얘기한 우리의 아쉬움 중의 하나인 신년 음악회 연주 장소가 바로 이곳이다. 티켓 가격은 매우 비싸다. 그럼에도 불구하고, 어린 관객들에 대한 파격 할인이나, 입석 티켓 판매 등 비싼 티켓을 사지 못하지만 음악에 대한 애정이 있는 이들에 대한 배려가 아름답게 보인다.

모차르트 초콜릿, 하이든 사탕, 오페라 화장실 등… 약간 과하게 음악적인 도시이다.

2004년 이후 또 하나의 빅 이벤트가 개최되는 곳으로는 쇤브룬 궁전을 들 수 있다. 한여름 밤의 야외 공연(Sommernacht konzert)이라는 이름으로 낮이 길어질 대로 길어진 6월 초에 쇤부른 궁전 앞마당에서 빈 필하모닉 오케스트라의 음악회가 펼쳐진다. 입장권 구입이나 예약은 따로 할 필요 없고 야외에 펼쳐진 좌석이 만석이 되면 주변 잔디밭에 앉아서 관람해도 된다. 기획 시에는 관람객 3만 명 정도를 예상했으나 현재는 10만 명 이상이 관람하는 공연이 됐으며 전 세계에 생중계된다.

타 오케스트라와는 달리 빈 필하모닉 오케스트라에는 상임 지휘자가 없다. 악단의 독립성을 보존하기 위한 선택이라고 한다. 단원들은 공연별로 그들을 지휘할 지휘자를 선정하여 별도 계약한 후 그 지휘자의 지도하에 연습하고 공연한다. 또한, 빈 필하모닉 오케스트라는 남성 단원만으로 구성된다는 — 다른 나라에서라면 성차별 문제가 될 수 있는 — 자기들만의 원칙과 보수성을 1997년까지 유지했었고, 지금도 대다수의 연주자는 — 한국 오케스트라와는 정반대로 — 남성 단원들로 이루어져 있다.

살리에리

일인자에 대해 느끼는 이인자의 열등감과 질투심을 살리에리 증후군이라 부른다는데, 이런 말이 있다는 것 자체가 **살리에리**(Antonio Salieri, 1750~1825)에 대한 오해를 넘어 모욕이다. 1984년 제작된 영화

〈아마데우스(Amadeus)〉는 밀로스 포먼(Milos Forman, 1932~2018) 감독에게 아카데미 작품상과 감독상 동시 수상의 영광을 안겼지만, 살리에리에게는 엄청난 오명과 누명을 씌웠고, 지금까지 그를 옥죄고 있다. 영화 속 살리에리는 재능은 없지만 요령을 발휘해 궁정음악가 자리를 꿰차고, 천재 모차르트를 시기, 질투하며 결국 그를 파멸시키는, 열등감으로 가득 찬 악인으로 묘사된다. F. 머레이 아브라함(F. Murray Abraham) 역시 너무도 충실하게(?) 극중 살리에리 역을 연기하여 본인은 아카데미 남우 주연상을 받았지만, 진짜 살리에리는 사후 160년이 지나서 지금까지도 전 세계인의 증오와 저주를 받게 했다.

살리에리는 이탈리아 출신의 음악가로 1766년 빈으로 이주한 후, 1774년부터 빈 궁정음악가로 활동한다. 당대를 넘어 전 시대 최고의 음악 천재였던 모차르트와 동시대를 살아 불운한 살리에리는 그저 그런 평범한 음악가로 영화 속에서 묘사되며, 모차르트를 모략하고 그를 몰락시킨다. 그러나, 이는 결코 사실이 아니다. 오히려 영화 속 캐릭터와는 정반대로, 살리에리는 음악사적으로 존경받아 마땅한 위인이었다.

첫째, 살리에리는 재능 있는 음악가였고, 당시에도 이미 성공한 음악가로서 충분한 명성을 누리고 있었다. 따라서, 모차르트에 대해 열등감을 갖거나 그를 시기할 이유조차 없었다. 오히려, — 6살 어린 — 모차르트가 빈에 진출할 무렵, 이미 궁정음악가 자리에 올라 황제의 신임을 받고 있던 살리에리에 대한 모차르트의 열등감은 모차르트가 그의 가족과 주고 받았던 서신을 통해 살짝 암시된다. 둘째, 살리에리는 동시대 여러 음악가들의 존경을 받은 선배이자 은사(恩師)였다. 천재 모차르트는 — 생전에 워낙 바빠서였던지 — 후학 양성에 대한 아름다운 기록은 없는 것 같다. 반면, 오랜 동안 궁정음악가였던 살리에리는 베토벤, 슈베르트, 리스트(Franz Liszt, 1811~1886) 등 서양 음악사의 큰 별들을 지도했고, 그들에게 진심 어린 감사와 존경을 받았다. 심지어, 영화 속 앙숙으로 묘사된 모차르트의 아들, 프란츠 크사버 모차르트(Franz Xaver Wolfgang Mozart, 1791~1844)도 그의 제자였다. 영화 속 모차르트와 살리에리의 관계가 사실이었다면 상상하기 어려운 일이다. 끝으로, 그는 훌륭한 인격과 온화한 인성의 소유자였다. 당대 거장이었던 하이든과 교우했으며, — 역시 영화와는 달리 — 모차르트의 능력을 인정하고 그의 재능을 펼칠 수 있게 도와준 은인이었다. 모차르트가 요절하여 묻힐 수도 있었던, 교향곡 39번과 41번은 모두 모차르트 사후에 살리에리에 의해 초연되었고, 교향곡 40번은 살리에리가 클라리넷 파트를 추가하여 역시 그에 의해 초연되었다. 어찌 보면, 지금의 모차르트의 음악적 업적은 살리에리라는 후광에 의해 더 빛이 날 수 있지 않았나 싶다. 이런 성(聖) 살리에리를 영국 극작가 피터 쉐퍼(Peter Shaffer, 1926~2016)는 그의 희곡 「아마데우스」에서 살리에리 증후군 환자로 만들었고, 이 희곡을 영화화한 밀로스 포먼은 그를 아예 살인자로 만들어 버렸다. 그리고, 그렇게 억울하게 씌워진 이미지는 고착화되어 있다.

영화 <아마데우스>는 처음 개봉한 후 30년이 넘게 지나, 얼마 전 디지털 재개봉을 했다. 워낙 명화이다 보니, — 좀 길긴 하지만 — 관람 수요가 아직 꽤 있을 것이다. 30여 년의 긴 세월이 흐르는 동안, 정말 많은 것이 바뀌었다. 시내 버스 요금은 10배가 넘게 올랐고, 지하철 노선도는 몰라보게 복잡해졌다. 동·하계 올림픽과 월드컵을 모두 치렀으며, 직선제로 대통령이 7번 바뀌었다. 선생님의 눈을 피해 중고생들이 드나들던 롤러장은 그 중고생들이 중년이 되어 자녀들과 함께 놀러 오며 부활했고, 우리 애들은 그때의 나보다 더 컸다. 쉽게 말해, 한 바퀴 돌았다. 그리고 결정적으로, 살리에리에게 억울한 누명을 씌운, 피터 쉐퍼와 밀로스 포먼 모두 살리에리 곁으로 갔다. 영화를 다시 보면 30여 년 전 살리에리가 누구인지 모른 채 영화를 처음 봤을 때와는 감동이 많이 다를 것 같다. 디지털 포맷으로 영화를 보게 될 우리 아이들에게, 이탈리아인 살리에리가 오스트리아 빈에서 모차르트와 영어로(?) 대화하는 장면들은 모두 역사적 사실과는 다른, 완전 허구임을 미리 알려 줘야겠다.

마차와 비엔나 커피

다른 유럽 도시와는 달리 빈 시내에서는 **마차**를 쉽게 볼 수 있다. 말 한 마리가 끄는 마차를 아인슈페너(Einspanner)라 하고 쌍두마차는 휘아커(Fiaker)라고 부른다. 1800년대, 빈에만 800여 대의 휘아커가 운행됐다고 하는데 현재는 10여 대의 휘아커만이 슈테판 성당 근처에서

관광객을 기다리고 있다. 한 가지 재미있는 점은, 시 교통 정책에 따라 휘아커와 다른 차량이 도로에서 만날 때에는 휘아커가 모든 차량에 우선한다는 점이다.

단지 마차 이름이었던 아인슈페너, 휘아커는 현재 커피 이름으로 더 많이 불려진다. 커피 아인슈페너는 블랙커피에 생크림을 얹고 아몬드나 피넛 가루를 추가한 것으로, 카페로 들어오기 어려운 마부들이 한 손에 말고삐를 잡고 다른 한 손으로 이 커피를 마차 위에서 마신 것이 시초로 알려진, 우리가 흔히 말하는 **비엔나 커피**이다. 휘아커는 진한 에스프레소에 보드카를 추가한 알코올 음료로, 쌀쌀한 날씨에 마부들이 추위를 달래기 위해 마셨다고 한다.

요즘은 집 주변에도 작고 예쁜 카페들이 많이 생겼다. 이미 다국적 프랜차이즈 커피숍에 너무 익숙해진 우리지만, 관심을 가지고 살펴보면, 꽤 수준 있는 커피를 즐길 수 있는 고수(高手) 바리스타들이 운영하는 동네 카페들도 많이 있다. 혹시, 무심코 들어간 이름 모를 카페의 메뉴에 '비엔나 커피'가 아닌 '아인슈페너'가 있다면, 한 번쯤은 — 조금 비싸더라도 — 믿고 주문해서 마셔 볼 만할 것이다. 아마도, 그 향과 맛이 빈에서 느낄 수 있는 그것과 크게 다르지는 않을 것이다.

탈원전

1986년 소련 체르노빌(Chernobyl)에 이은 2011년 일본 후쿠시마(福島) 원전 사고는 원자력 발전에 대한 효용 못지 않은 위험을 느끼게 해 주었다. 최근 한국에서도 원전 추가 건설, 노후 원전 수명 연장 등에 대해 찬반 논쟁이 있는데, 오래전 이런 논쟁을 하여 세계 최초로 **탈원전**(脫原電) 정책을 추진하고 있는 나라가 바로 오스트리아이다.

1978년 빈 근교 츠벤덴도르프(Zwendtendorf) 지역에 원전을 건설한다. 늘 그렇듯이, 원전 건설은 지역 전력 공급을 안정화하고, 침체된 지역 경제를 활성화시켜 일자리 창출에 기여한다는 '아주 익숙한' 스토리와 함께 시작되었다. 당연히 이를 반대하고 비판하는 이들도 있었고, 반대파의 논리는 또 언제나 그렇듯 원자력 발전의 위험과 사고 발생 시 벌어질 재앙에 대한 경고였다.

원전 건설이 끝나서 가동 시점을 결정해야 할 무렵 츠벤덴도르프 지역이 지진대에 위치하고 있다는 점이 — 아직까지 지진은 없었으나 — 확인되었다. 또한 지하수 오염과 핵폐기물 처리 등의 문제가 제기되며 주민들의 강한 반대에 부딪혀 원전 가동은 중대한 기로에 서게 된다. 여론을 살피던 오스트리아 정부는 원전 가동 여부를 국민 투표에 부치기로 결정했고, 결과는 찬성 49.53%, 반대 50.47%였다. 찬성 우세를 예상했던 오스트리아 정부는 근소한 차이의 반대 우세 결과에 충격을 받았으나, 어쩔 수 없이 엄청난 경제적 손실을 안고 원전 폐쇄를 결정하게 된다. 역시, 숙의민주주의의 결과물이었다. 1997년에는 녹색당에 의해 원전 반대안이 발의되었고, 연방의회에서 만장일치로 통과되어 오스트리아는 현재 원전을 국가가 법으로 금지하고 있다.

원전 포기 이후, 오스트리아는 원자력을 대체할 수 있는 친환경 에너지 개발에 집중하여, 재생 에너지 강국이 되었다. 알프스 자락에 위치해 강과 호수, 지하수가 풍부하다는 지리적 이점을 활용하여 수력 활용 기술을 발전시켰고, 현재는 국내 사용 전력의 절반 이상을 생산하고 있다. 오스트리아의 최종 목표는 친환경 재생 에너지의 비율을 높여 석유로부터 완전히 독립적인 경제 구조를 만드는 것이다.

역설적이게도, 1957년 설립된 국제 원자력 기구(International Atomic Energy Agency, IAEA, 1957년 설립)의 본부가 오스트리아 빈에 위치하고 있다. 원자력 이용에 대한 주요 정책이 결정되는 기구의 본부를 두고 있는 나라에서 원자력 발전을 법으로 금지하고 있는 것이다. 더욱 놀랍게도, 석유 수출국 기구(Organization of the Petroleum Exporting Countries, OPEC, 1960년 설립) 역시 빈에 본부를 두고 있다. 대표적 화석 연료인 석유를 수출하는 국가 연합체가 뿌리를 두고 있는 나라에서 석유 독립을 외치고 있는 것이다!

슈니첼? 돈까스?

슈니첼(Schnitzel)은 송아지 고기를 두들겨 얇게 편 후 빵가루를 입혀 튀겨낸, 맥주와 매우 잘 어울리는 독일어권 지역의 요리이다. 귀한 송아지 고기, 그것도 안심 부위를 써서 만들다 보니 요리의 가격이 비싸질 수밖에 없었고, 음식이 대중화되는 과정에서 송아지 고기 대신 돼지고기를 사용하는 일이 많아졌다. 지금은 돼지고기 슈니첼이 일반적인 슈니첼이 되었다. 레스토랑별로 메뉴는 다르지만, 다른 수식어 없이 '비너 슈니첼(Wiener Schnitzel)'로 표기되어 있으면 송아지 슈니첼, 'Art' 또는 'Schwein'이 붙어 있거나 애매한 이름으로 가격이 조금 싼 메뉴는 돼지고기 슈니첼로 이해하면 된다. 다른 소스 없이 레몬즙만 살짝 뿌려 먹는데, 비후까스(?) 또는 **돈까스**(?) 맛으로 상상하면 되겠다.

빈의 슈니첼은 시내 중심가, 슈테판 대성당 근처 있는 피그뮐러(Figlmüller)가 유명하다. 장사가 잘되고 유명하다 보니 식사 시간에는 1호점은 물론 2호점까지 자리 잡기가 쉽지 않다. 1905년에 창업했으니 벌써 100년이 넘은 노포(老鋪)이다. 예습 못 하고 온 고객들을 위해 메뉴판 중앙에 'Figlmüller-Schnitzel(돈까스)'과 'Wiener Schnitzel(비후까스)'을 대표 메뉴로 친절하게 표기해 놓아 별 어려움 없이 메뉴 선택을 할 수 있다. 바삭함이 매력이라, 앞에서 얘기한 대로 맥주와 궁합이 잘 맞는다.

보기보다 칼질하기 어렵지는 않다.

젓가락으로 새콤달콤한 소스를 찍어 먹는 두툼한 일본식 돈까스에 익숙해져 있다가, 오랜만에 얇고 바삭한 돈까스를 만나게 되면, '오른손에 나이프, 왼손에 포크'라는 룰을 주입받고 들어가, '밥과 빵' 사이에서 살짝 고민하던, 그 시절 경양식집 느낌이 되살아날 수도 있다.

호주댁

한국의 초대 대통령이 — 좋든, 싫든 — 이승만(1875~1965)인 것은 대부분 알고 있겠지만, 초대 영부인이 누군지는 모르는 이들도 꽤 될 것 같다. 관심이 있는 이들은 첫 영부인이 외국인이라는 것까지는 알 수도 있을 것이다.

한국의 첫 영부인은 '**호주댁**'으로 불렸던, 프란체스카 리(Franziska Donner Rhee, 1900~1992)로 호주가 아닌 오스트리아 출신이다. 필자가 유년 시절에도 그랬던 것처럼, 당시 오스트레일리아와 오스트리아를 혼동하며 — 사실, 지금도 우리만이 아닌 전 세계인이 혼동하고 있다 — 생긴 어이없는 별칭이었고, 이금순, 이부란이라는 2개의(?) 한국명을 가지고 있다.

1931년 빈 회의에서 만난 두 사람은 이승만 59세, 프란체스카 34세인 해에 결혼했다. 그녀는 함께 해외에 머무르며 남편을 보좌했으며, 광복 후 귀국하여 1948년 이승만이 초대 대통령이 되자, 초대 영부인이 되었다. 지금도 아니라고는 못하겠지만, 그 시절에는 국제 결혼에 대한 반감이 많았다. 대통령을 국부, 영부인을 국모로 생각하던 당시 국민들의 의식 수준을 생각해 보면, 영부인이 외국인이라는 것을 못마땅해하는 이들이 많았을 것이다. 이를 의식이라도 하듯, 프란체스카는 언제나 한복에 쪽진 머리를 하고 지내며, 양식이 아닌 한식을 즐기고, 모든 면에서 '한국인보다 더 한국적으로' 살려고 노력했다. 어렵게 살았던 해외 생활에서 체득한 검소함은 영부인이 된 이후는 물론 평생 이어졌다. 그녀가 할 줄 아는 유일한 한국말은 '쪼금, 쪼금'이었다고 한다.

이승만 정권의 과오에 대한 프란체스카의 책임에 대해서는 아직 논란의 여지가 있다. 프란체스카는 — 한국적으로 살았다지만 — 한국말을 전혀 몰라, 영어로 의사 소통이 가능한 몇 명으로 이루어진 측근 그룹이 그녀 주변에 생겨났고, 정권 말기 연로한 이승만을 대신해 측근들과 함께 실질적인 대통령 권한을 행사했다는 얘기는 공공연히 알려져 있다. 이 때문에, 이승만 정권 말기의 과오는 대부분 그녀의 것이라는 비판도 있다. 어쨌든, 그렇게 이승만 정권은 3·15 부정 선거 후, 4·19 혁명으로 무너지고, 프란체스카는 남편과 함께 하와이 망명 생활을 했다. 이승만 사후 1970년에 그녀는 영구 귀국하여, 평범한 한국 할머니의 생을 살았다.

이승만과 당시 정권에 대한 평가는 이 책의 범위를 넘어선다. 그럼에도 오스트리아를 얘기하면 언제나 떠오르는 역사적 사실 하나는, 나이 많고 가난하고 국적도 없는 동양의 한 남자를 만나, 평생 그를 따르고 지원하다, 외국인에 그리 우호적이지 않았을 이방인의 나라에 정착하고, 남편 사후에도 본국이 아닌 한국에 돌아와 여생을 살다 간 — 호주댁이 아닌 — '오스트리아댁' 프란체스카 리가 — 역시 좋든, 싫든 — 한국의 첫 영부인이었다는 것이다.

03

Genève & Swiss

알프스 산악 지역, 어찌 보면 '쓸모 없는' 땅에 자리 잡은 스위스가 지금처럼 유럽인은 물론 전 세계인들의 동경의 땅이 된 지는 채 100년이 되지 않았다고 한다. 유럽을 넘어 세계를 호령하던, 프랑스, 독일 그리고 이탈리아 등에 끼어 살다 보니 군사적, 정치적 결속이 불가피했고, 이에 최적화된 사회 시스템을 만들어 유지하고 있는데, 공용어가 4개인 나라가 그럴 수 있다는 건 다시 생각해 봐도 놀라운 일이다. 언어 차이에서 생길 수 있는 갈등을 막기 위해 스위스의 공식 국명은 라틴어를 사용하여 '헬베티아 연방(Confoederatio Helvetica, CH)'으로 되어 있다.

강대국 틈에서 영세 중립국 지위를 유지하며 세력 완충 지대 역할을 해야 하다 보니, 강한 국방을 유지하기 위한 비용 지출도 있지만, 어부지리(漁夫之利)의 이권과 이득을 쏠쏠히 챙기고 있다. 첫째, 스위스 은행은 세계 정세, 정치로부터 냉정하게(?) 독립되어 있다는 인상을 줄 수 있다 보니 전 세계 '검은 돈'의 집합처가 되어 있다. 필요한 고객에게는 계좌 번호만 있는 무기명 계좌를 열어 주어, 설사 계좌 추적이 들어온다 하더라도 그 번호뿐인 계좌의 주인이 누구인지는 알 수 없는 시스템을 합법적으로 운영한다. 전 세계 독재자, 범죄 집단의 검은 돈이 이자 한 푼 주지 않는 스위스 은행에 '보관료'를 내고 입금된 뒤 사실상 잊힌 돈이 되어 썩고 있다. 둘째, 각종 국제 기관들이 스위스에 본부를 두고 있다. 프랑스, 독일, 이탈리아, 스페인, 영국 등이 서로 자국 유치를 위해 힘겨루기를 하지만, 선택은 언제나 스위스였다. 중립국의 위치를 지키기 위해 2002년까지 UN에 가입하지 않았지만, UN 유럽 본부(Palais des Nations), 국제 노동 기구(ILO), 세계 보건 기구(WHO) 등 UN 관련 기관은 물론, 국제 적십자사, 국제 올림픽 위원회(IOC), 국제 전기 통신 연합(ITU) 등은 물론, 유럽 각국이 출자해 설립한 고(高)에너지 물리학의 메카 CERN(Conseil Européen pour la Recherche Nucléaire), 그리고 IBM 연구소를 비롯한 많은 글로벌 기업의 연구소와 유럽 본부들이 스위스에 자리를 잡고 있다. 스위스는 국제 기구, 비정부 기구들이 가장 많이 본부를 두고 있는 나라이며, 국제 회의가 가장 많이 열리는 나라이다. 인구 1천만이 안 되는 나라에 이런 식으로 돈이 흘러 들어오고, 굵직한 국제 기구들이 본부를 두고 있으니, 이로 인한 경제 효과도 상당하다. 그래서인지 자원이 풍부한 것도 아닌 스위스는 국가 경제, 경기의 부침(浮沈)도 덜하고, 유로화를 쓰지 않을뿐더러 유럽 연합에도 가입하고 있지 않지만, 스위스 프랑은 국제적으로 상당히 신뢰성 있는 통화로 꼽힌다.

15번 트램 종점인 Nations 정거장 앞의 나시옹 광장(Place des Nations)은 아이들이 뛰어 놀기 좋은 분수 광장이다. 분수 너머로 세계지적소유권기구(World Intellectual Property Organization, WIPO) 본부가 있고 반대편에는 UN 유럽본부가 있다. 광장 한가운데는 대인 지뢰 사용을 반대를 상징하는 거대 조형물, Broken Chair가 있다.

제네바(Geneva) — 프랑스어로 쥬네브 — 는 프랑스와 국경 지역의 도시로 프랑스어를 쓰는 도시 중에서는 스위스 최대의 도시이다. 프랑스로부터 스위스로 진입하는 관문 격인 제네바역에는 통상 국경에서 이루어지는 세관 검사 등이 이루어지는 것 같은데, 대부분 신고 절차 없이 편하게 입출국을 한다. 참고로, 취리히(Zürich), 루체른(Lucerne) 등 독어 사용권에서 불리는 독일어 도시명은 겐프(Genf)이고 이탈리아어로는 지네브라(Ginevra)이다. 특히, 독어 사용권에서 기차로 진입하는 경우도 있으니 알아 두어야 할 이름이다. 예를 들자면, 독일어권인 취리히에서 '겐프'를 향해 출발한 인터시티(Intercity) 열차는 2시간 40여 분을 달린 후 '쥬네브'에 도착하는 일이 벌어진다.

산악 철도를 포함해, 스위스는 철도 강국이다.

힉스

앞에서 언급한 대로 제네바에는 유럽 입자 물리학 연구소 CERN이 위치하고 있다. 프랑스 물리학자 드브로이(Louis Victor Pierre Raymond de Broglie, 1891~1987)의 제안으로 1954년 창립된 이후, 최고 에너지의 가속기와 최첨단 검출기 등을 갖추고 이를 진화시켜 고에너지 물리학 연구를 선도하고 있다. 1983년 SPS(Super Proton Synchrotron)에서 W, Z 보존(boson)을 발견하고, 2008년 가동을 시작한 LHC에서 '신(神)의 입자'라 불린 **힉스**(Higgs) 입자 검출에 성공하였다. 어찌 보면, CERN에서 진행되었던 일련의 업적들이 우리의 삶과는 아무 관계가 없는 다른 세계의 일들처럼 보이겠지만, 이런 극악조건에서 실험을 기획하고, 현상들을 관측해서 데이터를 얻고, 그 데이터를 분석하는 과정에서 많은 과학, 기술적 발전이 이루어져 다른 분야로 전파되어 응용된다. 1980년대, 여러 컴퓨터에서 얻은 데이터의 효율적 관리와 공유를 위한 시스템이 개발되어, 이후 www, world wide web으로 발전한 것이 그런 예들 중 하나가 되겠다.

CERN의 관광 안내소 역할을 하는 과학과 혁신의 글로브(The Globe of Science and Innovation)는 외부 방문객들에게 전시장을 개방한다.

최근 10여 년간 벌어진 LHC 실험은 고에너지 물리학을 전공하지 않은 이들에게는 좀 생소해 보일 수 있는 주제일 수도 있겠지만, 어찌 보면 인류 지성사의 최대의 작품일 수도 있는 업적이기에, 최대한 이해하기 쉽고 간략하게 지면을 할애하여 설명하겠다.

- **LHC(Large Hadron Collider)**

  대형 강입자(強粒子) 충돌기로 번역되는 입자 가속기이다. 세계와 우주는 무엇으로 이루어져 있는가를 묻는 질문에 답하려면 우리가 알고 있는 물질을 계속 부수고 쪼개어 나가야 한다. 호두를 쪼개려면 망치를 쓰면 되겠지만, 원자핵 또는 양성자 크기(10^{-15}m)의 무언가를 쪼개기 위해서는 망치 역시 그 정도 크기가 되어야 한다. 이를 위해 양성자 빔(beam)을 두 가

닥 만들어 이를 서로 반대 방향으로 가속시켜 충돌시키는 방식으로 양성자를 쪼개고, 이때 튀는 파편의 거동을 살피는 방식으로 고에너지 상태의 핵과 입자를 연구한다. LHC에서 가속된 양성자 빔은 최대 7TeV(질량 1.67×10^{-27}kg, 크기 1.6×10^{-15}m의 양성자 하나의 에너지가 1.1×10^{-6}J)이며, 두 빔이 최대치까지 가속되어 정면 충돌하면 14TeV의 에너지 상태까지 구현이 가능하다. 이는 태양 중심부 온도의 100,000배 이상의 고에너지 상태이며, 초고에너지 상태에서만 발견될 수 있을 것으로 예상되는 여러 입자들의 에너지보다 훨씬 높은 상태이다. 이런 일련의 실험들은 빅뱅 직후의 초기 우주에서나 볼 수 있었을 것으로 예상하는 여러 현상들을 실증할 수 있는 환경을 제공해 준다.

자동차나 기차의 경우도 그렇듯이 고에너지, 고속으로 가속이 되면 곡률 반경이 작은 커브를 그리기가 쉽지 않다. 마찬가지로 고에너지 빔이 지나갈 수 있는 트랙(track)은 곡률 반경이 충분히 커야 하고, 당연 고진공 상태여야 한다. LHC 가속 트랙은 그 둘레가 27㎞로 지하 50~150m에 원형 터널로 이루어져 있다. 미국에서 계획했었던 둘레 84㎞의 SSC(Superconducting Super Collider) 프로젝트가 1994년 급취소되면서 LHC는 단연 세계 최대이자 최고의 가속기로 현존하고 있다.

• 힉스 입자

힉스 입자(Higgs particle)이란 개념은 사실 쉽고 간단하게 설명하기가 불가능하다. 자연계에 존재하는 4개의 기본적인 힘들(중력, 전자기력, 강력 그리고 약력)을 통일된 하나의 이론으로 설명하려는 노력은 아인슈타인 시절로 거슬러 올라간다. 아인슈타인 사후에도 물리학자들의 노력은 계속되어 그에 따른 이론과 실험의 업적을 바탕으로, 전자기력과 약력을 하나의 모형, '표준 모형(Standard Model)'으로 설명하게 되었다. 문제는 전자기력을 매개하는 광자(photon)과는 달리 약력을 매개하는 W, Z 보존은 질량이 있는 것으로 확인되어, 이를 설명하기 위한 이론이 필요했다. 이를 설명하기 위해 자발적 대칭 깨짐(SSB, Spontaneous Symmetry Breaking)이라는 개념이 도입되고, 이를 일으키는 주체를 힉스 입자라 (실재가 확인되기 전) 이름 붙였다.

요약하면, 전자기력과 약력을 통일하는 표준 모형의 완성을 위해 입자들에게 질량을 부여하는 힉스 입자의 존재가 필요했던 것이다. 그리고, 이론에만 존재했던 이 입자의 실재를 찾기 위해 고에너지 물리학자들은 4조 원 이상을 투자하여 7TeV짜리 양성자 빔을 만들었던 것이다. 35세의 청년 물리학자, 힉스(Peter Higgs, 1929~)가 1964년 제안, 도입했던 힉스 입자가 근 반세기 후인 2012~2013년 LHC에서 발견되어 2013년 당시 84세 할아버지가 된 힉스에게 노벨상을 안겨 주었다.

CERN은 외부인들에게 관광 수준의 가이드 투어를 제공한다. CERN 홈페이지에서 미리 예약을 하면, 영어 또는 불어 회화가 가능한 가이드와 함께, 지하 가속 트랙까지 내려가 몇 구역에서 간단 설명을 곁들인 맛보기 투어를 할 수 있다. 나이 제한이 있어서 자녀를 동반할 수 없을 수도 있으니 확인이 필요하다. 보다 큰 이벤트로는, 1년에 한 번씩 — 9월 하순경 며칠 동안 — 하는 오픈 데이(Open day) 행사가 있다. CERN에 상주하는 과학자들이 가이드로 나서기도 하고, 관련 기념품 판매, 모형 검출기를 배경으로 한 사진 촬영, 장난감 블록으로 검출기 조립하기 경연 등 자녀들과 함께할 수 있는 여러 이벤트들이 있다. 기대보다 부실하고 썰렁하게 느껴질 수도 있는데, 틀어박혀 데이터만 보던 사람들이 만든 이벤트가 어련할까 하는 마음을 갖고 애교로 봐 주면 맘이 편하다. 기념품을 판매하는 노(老)과학자가 큰돈을 받고 당황하며 거스름돈을 찾아 한참 헤매더라도 여유 있게 웃으며 기다려 줄 수 있으면 좋겠다.

파란 모자만 진짜다.

어린이 방문자들을 대상으로 장난감 블록으로 검출기 모형 만들기 경연을 하는데, 워낙 잘 만든 모형을 먼저 보기로 보여 줘 참가자들을 난감하게 한다. 당시 예시는 ATLAS(A Toroidal LHC ApparatuS)라는 27㎞ LHC 트랙에 설치된 복잡한 이름의 입자 검출기로, 이 검출기에서 힉스 입자가 검출되었다. 실제 크기는 지금 25m에 무게는 7,000톤 규모이다.

비단 여행 중에만 만나는 경우는 아닌데, 자녀들이 커 가면서 만날 수 있는 어려운 주제나 문제를 함께 얘기하는 게 쉽지 않을 수도 있다. 부모도 모르는 게 있는데, 그저 부모를 믿고 의지하는 자녀가 어려운 질문을 던지면, 부모는 난감(?)해진다. 중고등 수준의 과학 문제를 물어봐도 난처한데, CERN 같은 곳을 자녀들과 함께 견학하는 것은 정말 부담스러울 수 있다.

'부모는 다 아는 사람'이라는 환상에서 부모부터 깨어나야 한다. 그

리고, 혹시라도 어린 자녀에게 답변하기 힘든 질문을 받게 되더라도, 나무라거나 무시하지 말도록 하자. 대신, 필즈상(Fields Medal)을 수상한 수학자 히로나카 헤이스케(ひろなかへいすけ, 広中平祐, 『학문의 즐거움』의 저자)의 어머니가 보여 준 현명함을 흉내내면 된다. 헤이스케의 어머니는 비록 무학의 농사꾼과 결혼해 평생 산골에서 농사일만 하던 무학의 시골 아낙네였지만, 아들의 질문에는 언제나 "이담에 커서 공부하면 모두 알 수 있을 거야"라고 자상하게 대답해 주었다고 한다.

칼뱅

칼뱅(Jean Calvin, 1509~1564)은 루터(Martin Luther, 1483~1546)와 더불어 세계사 교과서에 등장하는 대표적인 종교 개혁가이다. 출신은 프랑스이지만, 프랑스 정부와 가톨릭의 박해를 받아, 스위스 제네바로 망명하여 신정정치 체제를 수립하였다. 이후 제네바는 종교 개혁의 중심지가 되었다.

루터는 부패한 가톨릭과 권위적인 황제에 대항하면서도 봉건 사회 질서를 개혁하는 데는 반대하였으나, 칼뱅은 가톨릭 교회는 물론 계급 사회를 포함한 봉건제 전반을 부정하고 개혁하고자 했다. 또한, 가톨릭에서는 '부자가 천국에 가는 것은 낙타가 바늘귀를 통과하는 것만큼 힘들다'며 빈자의 미덕을 강조하지만, 칼뱅은 열심히 일하고 검소하게 생활하여 부자가 되는 것은 하나님의 축복이라는 논리로 청부(淸富)를 강조한다. 당연히, 당시 주류 계급에 저항하면서 서서히 힘을 키워 나가던 소상공인 등을 포함한 도시민들의 지지를 받았으며, 훗날 부르주아 혁명에 이은 근대 사회 발전의 정신적, 종교적 밑바탕이 되었다.

칼뱅의 교리는 스코틀랜드로 넘어가 장로교로 발전하고, 영국의 청교도에 영향을 미쳤으며, 이 청교도가 신대륙으로 건너가 뿌리를 내린다. 미국과 한국 개신교의 뿌리도 결국은 칼뱅이다. 지금의 주류 자본주의의 정신적 원류가 칼뱅이라고 해도 그리 심한 비약은 아닐 것 같다.

칼뱅 신정정치하의 제네바는 극단의 원칙주의와 비인간적인 법칙주의가 지배하는 사회였다는 비난도 있다. 상앙과 이사의 진나라가 그랬듯 법과 원칙만이 지배하는 윤활유 없는 사회에서는 가난해서 못 배우고, 못 배워서 모르는 이들이 그 서슬 퍼런 법과 원칙의 칼날에 많이 희생된다. 온갖 술수를 동원하여 엄청난 탈세를 한 이들은 별 무리 없이 잘살고 있지만, 연말 정산에서 실수한 직장인에게는 칼같이 과징금을 물리는 것과 같다고 생각하면 된다.

칼뱅의 제네바 또한 그렇게 살벌하고 잔인한 사회였으며, 칼뱅은 잔인한 냉혈한이었다는 오명도 함께 가지고 있다. 그런 이유에서인지 — 스위스 다른 도시와는 달리 — 제네바 시내를 둘러볼 때의 느낌이 그리 낭만적이지만은 않다. 자신에게 원한을 품은 이들이 많다는 걸 알았는지, 칼뱅은 자신의 묘의 위치를 대중에게 알리지 않았다. 현재, 제네바 구시가에는 칼뱅의 가묘가 있다.

진짜 제네바 유람선

바다가 없는 스위스이지만 물은 부족하지 않다. 알프스에서 흘러내리는 청정수가 고여 곳곳에 호수를 이루고 있어서이다. 그러다 보니 스위스 주요 도시들은 대부분 큰 호수 주변에 위치하고, 제네바도 마찬가지다. 깊고, 넓고, 맑은 레만호(Lac Léman)는 알프스 기슭의 몽트뢰(Montreux)부터 시작하여, 브베(Vevey), 로잔(Lausanne)을 거쳐 제네바 서쪽 론강으로 흘러 나간다. 돈 좀 써야 쉬어 갈 수 있는 국제적인 휴양지들이 호수를 따라 늘어서 돈 없고 시간 없는 여행자들을 괴롭히는 것이다. 호수 중앙으로 프랑스와의 국경이 지나며 프랑스 쪽으로는 토농레방(Thonon-les-Bains), 에비앙레방(Évian-les-Bains) 등이 레만호에 인접해 있다.

스위스 지도를 펼쳐 보면, 크고 작은 호수들이 국토 전체에 고르게 분포하고 있음을 알 수 있다. 레만호 북쪽으로 뇌샤텔호(Lac de Neuchâtel)와 비엘호(Lake Biel)가 있고, 인터라켄(Interlaken) 양쪽으로 툰호(Lake Thun)와 브리엔츠호(Lake Brienz)와 자르넨호(Lake Sarnen)을 지나면 루체른의 피어발트슈테터호(Vierwaldstättersee)와 추크호(Lake Zug)를 거쳐 취리히의 취리히호(Zürichsee)까지 이어진다. 호수와 호수 사이에 운하(?) 공사를 잘 하면 스위스 대운하(?)를 만들 수도 있겠구나 하는 엉뚱한 상상을 할 수도 있다.

알프스 최대인 레만 호수에는 서울의 롯○월드의 그것과 같은 이름의 **진짜 제네바 유람선**이 평화롭게 떠다닌다.

레만호는 긴 방향으로 70㎞가 넘는 큰 규모여서, 유람선으로 전 구간을 돌아보는데 꽤 많은 시간이 필요하다. 유람선은 보통 현지인들의 디너 파티 — 우리 식으로 얘기하면 직장 회식 — 목적으로 운영된다.

786

지금이야 낙농강국, 관광대국 스위스이지만, 어려웠던 시절에 건장한 스위스 남성들은 주변국 용병(用兵, Reisläufer) 노릇을 하여 생계를 유지해야 했다. 특히, 앞에서 기술한 유럽 최강, 최장의 왕가인 합스부르크 왕가로부터 독립을 얻기 위해 많은 전투를 겪었고 그러는 동안 자연스레 강한 군인들이 양성되었다. 또한, 알프스 산맥에 위치한 지리적인 특성 때문에 중앙 집권보다는 주 자치가 일찍부터 발달하였다. 그러다 보니, 중앙군보다 각 주별로 독립된 군대를 보유하고 이를 돈 받고 빌려주는 용병 방식이 발전하였다. 국가가 주요 산업으로 '용병업(業)'을 운영했다고 하니 규모나 수준도 상당했을 것 같다.

프랑스 대혁명 기간 중 봉기한 민중들이 루이 16세(Louis XVI, 1754~1793)와 마리 앙투아네트(Josèphe-Jeanne-Marie-Antoinette, 1755~1793)가 머물던 튈르리 궁(Palais des Tuileries)으로 진격한 1792년, 왕가를 지키기 위해 끝까지 싸운 이들은 **786**명의 스위스 용병들이었다. '스위스' 용병들이 '프랑스' 국민으로부터 '프랑스' 왕을 지키려 목숨을 바친 것이다. 싸움을 업으로 삼고 사는 용병들이지만 그 순간 많은 고민을 했을 것이다. 봉기한 혁명군에 비해, 수적으로 절대 열세였기에 승산은 없는 싸움이었다. 다시 말해, 응전은 곧 죽음이었다. 그렇다고, 명분 있는 싸움도 아니었다. 그들이 맞서 싸워야 할 대상은 그냥 평범한 프랑스 국민들이었다. 먹고살기 힘들어 삽과 괭이를 들고 봉기한 민중들을 대상으로 싸우는 것도, 싸우다 죽는 것도 말이 안 되는 상황이었다. 아무리 돈이 좋아도 목숨이 더 귀한 것은 용병들에게도 마찬가지일 텐데, 어찌 갈등이 없었을까. 그러나 그들은 목숨을 바쳐 궁을 지키기로 한 약속을 지켰다. 도망을 가지도, 항복을 하지도 않고 왕실을 수호하기로 한 계약을 충실히 이행하며 쓰러져 갔다. 지금 생각해 봐도 상당히 절박하고 역설적인 상황이지만, 스위스 용병들은 그들의 목숨 대신 고용주와의 신뢰를 선택한 것이다. 그래서인지, 786명을 상징하는 바위산 중턱 사자의 표정에는 깊은 슬픔은 물론 피곤함이 새겨져 있다.

미국의 작가 마크 트웨인(Samuel Langhorne Clemens, 1835~1910)이 쓴 그의 해외여행기 『A Tramp Abroad』에도 사자상에 대한 감상이 등장한다.

> *… Around about are green trees and grass. The place is a sheltered, reposeful woodland nook, remote from noise and stir and confusion — and all this is fitting, for lions do die in such places, and not on granite pedestals in public squares fenced with fancy iron railings. The Lion of Lucerne would be impressive anywhere, but nowhere so impressive as where he is.*

빈사의 사자상(瀕死의 獅子像, Löwendenkmal)은 제네바와는 좀 떨어진 독일어권 도시 루체른에 위치한다.

지금은 용병업이 불법화되어 있지만, 바티칸에서 교황을 지키는 친위대는 스위스 용병들로 이루어져 있다. 역사와 전통을 중요시하는 가톨릭에서는 여전히 스위스인 용병들에 대한 신뢰를 유지하려 하기 때문이다. 지금의 스위스 그리고 스위스인들은 그들의 아픈 역사만큼 깊은 신뢰를 받게 되었다. 그래서인가, 앞에서 얘기한 것처럼 검은 돈의 피난처로 스위스 은행이 선택되곤 한다. 최근에서야, 현대사의 암울했던 시기에 한국에서 입금되었을지도 모를 돈의 실체에 대해서도 몇몇 매체에서 논의가 되곤 한다. 예나 지금이나, 범죄 조직, 독재자, 학살자들 역시 스위스는 무한 신뢰하고 있다.

Friday, Freitag

로빈슨 크루소는 무인도 표류 생활 중 원주민을 위기에서 구한 뒤 하인으로 삼고, 금요일에 구해 줬다고 'Friday' — 독일어로는 'Freitag'. 프라이탁, 독일어로 번역된 『로빈슨 크루소』에나 나올 이름인데, 유럽에서는 상당히 인기 있는 스위스 대표 가방 브랜드이다. — 라는 이름을 붙여 준다

프라이탁은 형 마커스 프라이탁(Makus Freitag)과 동생 다니엘 프라이탁(Daniel Freitag)의 공동 작업으로 1993년 설립된 가방 제조사이다. 부모로부터 친환경 마케팅에 대한 영감을 받은 형제는 우연히 창밖으로 보이는 비 내리는 취리히 풍경 속 트럭들을 보게 된다. 트럭을 덮고 있는 여러 색의 타포린(tarpaulin) 방수포로부터 영감을 받고는 근처 공장을 방문하여 트럭 방수포를 재활용해서 가방을 만들기 시작한 것이 프라이탁의 시초이다. 거저 얻은 재료로 만든 제품이니 당연 가격이 쌀 것이라는 추측은 완전 틀렸다. 오히려 비싼, 명품 가방에 가깝다. 그럼에도, 가방은 매우 잘 팔리고, — 한국에서는 아직 잘 알려지지 않은 듯하지만 — 기업 가치 또한 높으며, 현재는 전 세계 300개가 넘는 매장을 운영하고 있다.

좀 당황스러운(?) 브랜드인데, 나름 인기를 끌 만한 이유는 충분하다. 첫째, 방수가 잘 된다. 좀 우스울 수도 있지만, 매우 훌륭한 이유이다. 프라이탁 형제가 살던 취리히를 포함한 유럽 대륙은 연중 부슬부슬 비가 내린다. 이런 날씨에서는 비를 맞으면 젖고 변질되는 소재

가 아닌 트럭 방수포가 매우 매력적이다. 장마철 한국에서 써 보면 같은 효용을 느낄 수 있다. 둘째, 나만의 가방을 소유할 수 있다는 점이다. 버려진 폐품의 특정 부분을 제품 소재로 선택하다 보니 타 브랜드의 공장에서 찍어 나온 듯한 동일 재료의 제품이 — 디자인은 동일하지만 — 만들어질 수 없다. 프라이탁 매장 내에서 혹시 비슷한 가방을 발견하더라도, 자세히 살펴보면 폐방수포에 새겨진 흠집, 얼룩, 구겨짐 등에 미묘한 차이가 있어서, 여전히 내 가방만의 유니크함(?)을 유지할 수 있다. 마지막 이유는, 브랜드 소비자가 갖는 자부심이다. 유럽에서 프라이탁 가방을 메고 다니는 것은 스스로 '나는 환경과 후세를 생각하는 의식 있는 소비자입니다'라고 무언의 어필을 하고 다니는 것과 같다. 그도 그럴 것이 프라이탁 제품은 5년 이상 사용한 트럭 방수천과 폐자전거의 고무튜브, 폐차의 안전벨트를 사용한다. 이를 모아 버려지는 부분을 최소화하여 재단한 뒤, 친환경적인 세제와 모아놓은 빗물을 이용해 세척한다. 구입 후 사용하다 낡아 해지거나 망가지면 — 사실, 워낙 튼튼해 망가질 일도 없지만 — 수리도 해 준다. 이 전 과정에서 환경 파괴는 최소화하며 노동자들 권익은 최대화한다. 매연과 폐수를 뿜어내며, 저임금 노동자들을 착취하여 개도국에서 생산되는 유수의 명품 브랜드와는 대조적이다. 프라이탁의 충성스런 고객들은 이런 착한 과정으로 만들어진 제품을 약간 비싼 가격을 무릅쓰고 선택하여 소비함으로써, 남이 알아주지 않더라도 스스로 뿌듯함을 느끼며 만족하는 것이다.

프라이탁 1호점은 취리히에 있다. 폐(廢)컨테이너를 쌓아 올려 만든 눈에 띄는 매장이라 Hardbrücke 역에 내리면 쉽게 찾을 수 있다.

멸종 위기에 처한 동물의 털가죽을 입고, 쓰고, 신고, 메고 나타나 돈 자랑하는 이들 앞에, F-ABRIC — 프라이탁에서 발명한 친환경 원단 — 옷을 입고 프라이탁 가방을 메고 당당히 서 있는 자신의 모습을 상상해 보면 된다.

우리는 지금 제네바로…

1987년 개봉한 송영수(1942~1996) 감독의 영화에서, 필운(이영하)과

순나(강수연)가 새로운 인생을 얘기하며 말한다.

*"**우리는 지금 제네바로** 가야 해요."*

왜 런던, 파리, 뉴욕이 아닌 제네바일까? 어찌 보면 생뚱맞게, 제네바가 영화 그리고 영화 제목에 등장한다. 생각해 보면, 영화가 개봉했던 1980년대는 해외 여행이 자유화되지 않았던 시절이라, 외국물(?)을 먹어 본 이들이 흔하지 않았을 때였다. 하류 인생을 살고 있던 필운과 순나 역시 제네바를 가 봤을 것 같지는 않다. 영화 개봉 당시 십대였던 필자 역시, 이 엉뚱한 영화 제목을 보곤 — 영화는 미성년자 관람불가 등급이라 못 보고 — 어리둥절했다. 사실, 해외 여행을 자유롭게 갈 수 있는 지금도 제네바는 must-visit place는 아닌 것 같다.

제네바는 프랑스 접경 도시라, 프랑스를 통해 입국하는 경우가 많다. 프랑스 고속 열차인 TGV(Train à Grande Vitesse)가 제네바까지 운행을 하는데, 제네바 도착 TGV는 차편이 자주 있지 않을뿐더러 비용이 비싼 경우도 있다. 이 경우 대안으로, 국경의 프랑스 도시인 리옹(Lyon)까지 TGV를 타고 리옹-제네바 구간은 일반 열차를 타는 방법이 있다. 이 경우 비용 절감도 꽤 가능하니 꼼꼼히 비교해 보는 게 좋다.

그럼에도 그곳을 떠올리면 공감할 수 있는 어떤 이미지가 있었는지, 삶에 지쳐 힘들고 괴로워하던 필운과 순나가 내린 결론은, 너무도 뜬금없이 제네바였다. 아마도 영화에서 얘기하는 제네바는 콕 집어 스위스 제네바만이 아닌, 제네바가 가지고 있는 그 느낌과 이미지를 갖는, 주인공들이 꿈꾸는 어떤 이상향이었던 것 같다. 제네바라는 도시가 주는 느낌에 대해서는 각자가 떠올려 보면 될 것이다. 가 본 이들이든 그렇지 않은 이들이든 그곳에 대한 느낌과 이미지는 상당히 비슷하지 않을까 한다. 제네바라는 이름을 들었을 때, '전쟁, 증오, 죽음, 폭력, 무질서, 가난과 굶주림' 등의 슬프고 부정적인 단어들을 연상하기보다는 오히려 그 반대 느낌의 평화롭고 긍정적인 어휘들을 떠올리는 게 일반적일 것 같다. 제네바의 실제 모습 역시 그리하여, 제네바를 찾는 여행자들에게 평화로움과 편안함을 제공해 준다. 여행자는 그저 제네바의 비싼 물가 걱정만(?) 하면 된다.

사족으로, 제네바가 그런 이미지를 갖게 된 것은 다음과 같은 공통의 느낌을 주는 역사적인 이벤트들의 도움도 한몫하지 않았을까 한다. 이 중에는 우리와 관계가 깊은 이벤트도 있다.

- **제네바 협약(적십자 협약, Geneva Conventions, 1864)**

  프랑스 사업가, 장 앙리 뒤낭(Jean-Henri Dunant, 1828~1910)이 전쟁 중 부상당한 병사들의 구호에 대한 국가 간 협약을 제안하여, 1863년 제네바에 위원회가 만들어진다. 그 해, '국제 부상자 구호 협회', 지금의 '국제 적십자사'가 설립되고 이듬해, 부상병과 부상병 구호 활동을 보호하기 위한 10개조에 대해 12개국이 협약을 맺는다. 전쟁 영화를 보면, 적십자 깃발을 한 차량이나 병원 등은 적이라도 함부로 공격하지 않는 장면이 나오는데, 이 협약을 근거로 한 전쟁 수칙이다. 이후 전쟁 포로에 대한 보호와 전쟁 범죄에 대한 처벌 등이 협약에 추가되었고, 현재 협약은 429개조에 이르며 195개국이 가입해 있다.

• 제네바 협정(Geneva Agreement, 1954)

2차 세계 대전 이후 벌어졌던 프랑스와 베트남 간 전쟁의 휴전 협정이다. 이 협정에 의해 베트남, 라오스, 캄보디아가 정식으로 독립한다.

• 제네바 군축회의(Conference on Disarmament)

1차 세계 대전 후 몇 번의 군축회의가 제네바에 열렸으나 성과 없이 끝나고 이후 제2차 세계 대전이 발발한다. 현재는 군축위원회(Committee on Disarmament)라는 이름으로 남아 있다.

• 제네바 합의(Geneva Agreed Framework, 1994)

북한과 미국 간 고위급 회담에서 양국이 서명한 합의문이다. 북한 핵개발 동결에 대한 대가로, 미국은 경수로 2기와 중유 제공을 약속하고, 북한은 핵확산 금지 조약 완전 복귀 및 핵시설 사찰 및 전면 핵동결과 핵시설 해체를 약속했다. 이후 스토리는 지금도 진행 중이다.

04

Napoli & Italia

1972년 프란시스 포드 코폴라(Francis Ford Coppola) 감독의 영화 <대부(The Godfather)>가 개봉했다. 촬영, 제작 당시 마피아의 암살 위협까지 받으며 만들어진 이 영화는 1974년 2편, 1990년 3편이 제작되었고, 당시 출연했던 말론 브란도(Marlon Brando), 로버트 드니로(Robert De Niro), 알 파치노(Alfredo James Pacino) 그리고 앤디 가르시아(Andy Garcia) 등의 아우라(aura)와 함께 나에게 이탈리아 범죄 집단에 대한 막연한 낭만(?)을 심어 주었던 것 같다. 또한, 베수비오(Vesuvio) 화산 폭발과 폼페이(Pompei) 이야기, 음악 교과서에 실려 있었던 「산타 루치아(Santa Lucia)」와 「돌아오라 소렌토(Torna a Surriento)」, 쥬세페 토르나토레(Giuseppe Tornatore) 감독의 영화 <시네마 천국(Cinema Paradiso)>, 모 회사 맥주 이름으로도 쓰였던 '카프리(Cafri)', 또 카프리(Capri)가 들어간 틴토 브라스(Tinto Brass) 감독의 19금 영화(?) 등, 우리들에게는 — 마피아(Mafia)의 탄생지인 — 남부 이탈리아에 대해 환상과 동경을 갖게 해 준 많은 것들이 있었다.

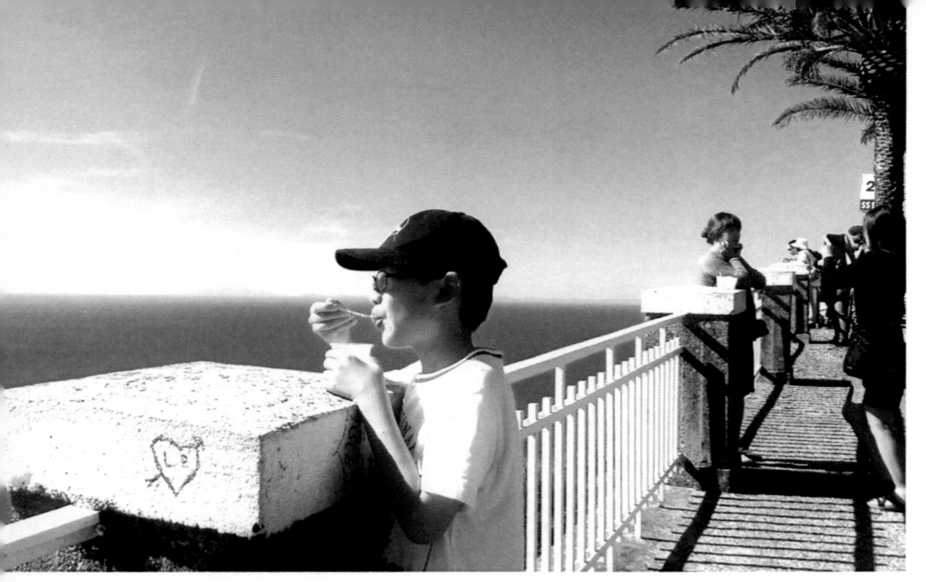

지오반니 팔코네(Giovanni Falcone, 1939~1992)와 프란체스카 모르빌로(Francesca Morvillo, 1945~1992) 부부, 그리고 그들의 절친이었던 파올로 보르셀리노(Paolo Borsellino, 1940~1992)를 알고 있는 이들이 있는지 모르겠다. 사실 필자도 그들의 죽음이 뉴스 해외 토픽에 보도되었을 때에서야 '저런 사람들도 있었구나' 하는 생각을 했고 동시에 엄청난 충격에 휩싸여 한동안 멍했던 기억이 난다. 그들은 이탈리아 남부 시실리(Sicily)의 팔레르모(Palermo)에서 마피아를 소탕하기 위해 활동했던 판검사들이었고, 끊임없이 반복되는 암살의 위협에 굴하지 않고 당당하게 그들과 맞섰던 용기 있는 의인(義人)들이었다.

그 시절 마피아의 폭력과 만행은 상상을 초월했다. 마피아를 검거하기 위해 나선 경찰, 사법 당국의 고위급 인사들도 마피아 암살의 표적이 되었고, 남부의 정치인들은 마피아의 조력자 또는 피해자가 되기 십상이었다. 이탈리아 중앙 정부의 지원하에 마피아와의 전쟁을 치르던 팔코네가 암살의 표적이 된 것은 그리 놀라운 일이 아니었다. 로마와 팔레르모를 매주 비행기로 오가던 팔코네 부부와 그들을 경호하던 세 명의 경관들(Rocco Dicillo, Antonio Montinaro, Vito Schifani)은 팔레르모 공항에서 집으로 향하던 길목에 매립해 둔 마피아의 폭탄 테러로 암살되어 이탈리아 전역을 울게 만든 비극의 주인공들이 되었다. 이런 공포의 상황에서도, 홀로 남겨진 보르셀리노는 꿋꿋이 수사를 계속해 나갔다. 그러나, 친구들의 죽음이 있은 지, 2개월 후 역시 마피아의 폭탄 테러로 희생되며 — 이때도 경호를 맡았던 경관들(Agostino Catalano, Walter Cosina, Emanuela Loi, Vincenzo Li Muli and Claudio Traina)이 같이 희생되었다 — 다시 한 번 이탈리아를 울게 했다.

마피아의 팔코네와 보르셀리노 암살 작전은 광범위한 영역을 모조리 폭발시키는, 매우 무식한 수준의 테러였다. 일대 주민이나 재수 없이 그곳을 지나는 행인 또는 방문객들의 생명도 위험할 수 있는 상황이었다.

그들의 사망 이후 분노한 시민들의 제보가 잇따르며 몇몇 조직원들이 체포되는 성과는 있었지만, 그들만큼 용기 있는 검사가 나타나지 않았고, 마피아를 뿌리 뽑겠다는 이탈리아 정부의 노력도 중단되었다. 선과 악의 대결에서 악의 완승으로 끝난, 그동안 본 적 없는 새로운 장르의 어둡고 우울한 영화를 본 느낌을 받을 수밖에 없었다. 나와는 동떨어진 남의 나라, 다른 세계의 일로 왜 그리 분하고 억울했었는지 모르겠다. 아마, 이 사건의 충격이었을까? 이후 나에게는, 나폴리(Napoli) 이남의 이탈리아는 잘못하면 갈(?) 수도 있다는, 마치 영화 <웰컴 투 사우스>(원제목 Benvenuti al sud, 2010)의 주인공이 밀라노에서 나폴리 남부 오지로 전근가며 갖게 된 공포를 갖게 하였다. 그리고, 그런 공포의 땅 나폴리에 — 역시 밀라노(Milano)를 출발하여 — 밤 10시가 넘어 도착했다.

밀라노와 나폴리는 '정말' 대조적인 도시이다.

미항

이탈리아인들은 나폴리의 아름다움을 'Vedi Napoli e poi muori!(나폴리는 가 보고 죽자)'라는 말로 표현한다. 좀 완곡하게 의역하자면, '나폴리를 가 보았으니 이제 죽어도 여한이 없다' 정도가 되지 않을까. 나폴리는 세계적으로 가장 아름다운 항구 중 하나로 꼽히며, 로마까지만 방문하고 떠나려는 이탈리아 여행자들에게 아쉬움을 강요하며 소리 없이 여행자를 부른다.

나폴리 중앙역 앞 광장은 가리발디 광장(Piazza Giuseppe Garibaldi)이라 불린다. 광장에는 남부 이탈리아 정복하여 사르데냐 왕국에 헌납(?)하여 이탈리아 통일에 이바지한 가리발디(Giuseppe Garibaldi, 1807~1882)의 동상이 서 있다.

기대가 너무 큰 탓일까? 나폴리 중앙역에 내려 만난 나폴리의 첫인상은 '**미항**(美港)'과는 전혀 다른, 어찌 보면 공포스러운 슬럼가의 모습이었다. 왜 나폴리가 '미항'인지, 내가 왜 여기를 왔는지에 대한 대답은 날이 밝아도 찾을 수 없었다. 허름한 건물들은 곳곳에 금이 가서, 틈 사이에 내려 앉은 먼지를 토양으로 잡초가 자라나고, 여행자 트렁크를 포함해 바퀴 달린 모든 것들을 덜컹거리게 만드는 오래된 낡은 도로, 무단 주정차된 차량 옆을 스칠 듯 말 듯 달리는 트램, 마구 버려진 쓰레기 등 어느 하나 미항의 이미지와는 어울리지 않는 난잡한 도시였다.

얼음 통을 들고 다녀도 견디기 힘든 더위에 소음과 매연이 가득한 도로, 허름해서 진입하기 싫은 미로 같은 골목길은 아름다운 항구를 기대하고 온 여행자들을 정신없게 만들었다. 그렇게, 도시 이곳 저곳을 헤매다 만난 모 기업의 나폴리 주재원으로부터 얻은 정보를 바탕으로 새로운 목적지를 정하고 출발했다. Stazione Napoli Montesanto에서 funicolare를 타고, 걷고, 에스컬레이터를 타고, 또 걸어서 카스텔 산 엘모(Castel Sant' Elmo)에 도달했다.

그러곤 나폴리에 대한 생각이 바뀌었다. 이곳, 카스텔 산 엘모에서 내려다본 나폴리의 모습은 이전까지 봐 왔던 나폴리는 완전히 달랐다. 미시(微視)와 거시(巨視)가 이렇게 드라마틱한 차이를 보이기도 쉽지 않을 것 같다. 이곳에서 나폴리 만과 산타 루치아(Santa Lucia)를 바라보고 있는 동안, 그 뜨겁던 태양은 따사로운 'O sole mio'가 되었고, 답답했던 도시 공기는 'Che soave zeffiretto'로 대체되었다. 넓고도 완만한 유선형의 나폴리 만 해안선과 나지막한 스카이라인, 그리고 눈이 시리도록 푸른 바다와 한가로이 떠다니는 하얀 배들이 만드는 파노라마를 바라보면, 왜 나폴리가 세계적인 미항으로 꼽히는지, 왜 죽기 전에 나폴리를 꼭 가 봐야 하는지를 알 수 있다.

나폴리 전통 민요 「산타 루치아」는 이런 자연 환경과 이탈리아인 특유의 감성이 조화되어 탄생했다. 현재의 이탈리아어와는 약간 다른 나폴리어로 전해지던 「산타 루치아」는 동일한 내용의 이탈리아어로 개사되고, 또 우리말로 번안되어 음악 교과서에까지 실렸었다.

Sul mare luccica l'astro d'argento. Placida è l'onda, prospero è il vento.

Sul mare luccica l'astro d'argento. Placida è l'onda, prospero è il vento.

Venite all'agile barchetta mia, Santa Lucia! Santa Lucia!

Venite all'agile barchetta mia, Santa Lucia! Santa Lucia!

나폴리 치안

로마와 밀라노에 이어 이탈리아 제3의 도시이지만, 도시의 수준은 상당히 낙후되어 있다. 당연, **나폴리 치안** 역시 안 좋기로 소문나 있다. 그래서, 혹자는 '나폴리는 가 보고 죽자'라는 말 대신 '죽고 싶으면 나폴리로 가라'라고 농담 반, 진담 반의 이야기를 한다. 불미스러운 일을 겪어 보진 않았는데, 치안은 안 좋은 편이라고 한다. 만나는 이들마다 골목길은 피하고 어두워지면 밖에 나가지 말라고 당부를 한다.

그런데 좀 더 생각해 보면, 이는 나폴리만의 문제가 아니다. 우리나라 치안 상태가 워낙 좋아서 그렇지, 야간 범죄나 소매치기 문제는 어느 나라 어느 도시에서든 마찬가지이다. 한인 민박에서 만난, 장기 체류 중이던 분은 나폴리가 치안 문제가 과장되어 있다며 분개하기도 했다. 도시의 역사가 오래되다 보니 낡고 낙후된 듯 보이며, 지리적으로 아프리카와 가까워 불법 이민자들이 많이 보일 뿐, 여행자들을 위협할 다른 요인은 없다는 것이다. 어찌 보면, 순박한 남부 이탈리아인들에게 괜한 누명이 씌워져 있는 것일 수도 있다. 여행 책자는 나폴리의 소매치기나 강도, 마피아 등의 조폭을 조심해야 한다고 가르치지만, 보통 유럽 도시에서 조심하는 수준의 경계만 유지하면 별문제는 없을 것 같다. 다시 말해, 치안 걱정 때문에 나폴리를 포기할 일은 아니다.

괜히 소매치기 조심한답시고 엉뚱한 데 한눈팔다 당할 수 있는 교통사고를 더 조심해야 한다. 이탈리아가 그렇지만, 나폴리의 도로 사정은 유럽 최악 수준이고, 법규를 위반하며 달리는 차나 오토바이가 적지 않다. 그러다 보니 급차선 변경이나 급정거를 하는 버스가 많으니 도로 위에서도 버스 안에서도 주의가 필요하다. 심하게는 트램이나 기차도 위협이 될 수 있다. 특히, 한국과 마찬 가지로 차가 인도 위로도 올라올 수도 있으니 조심해야 한다.

나폴리 피자

그리 오래된 얘기는 아닌 것 같다. 큰딸은 '땅콩', 작은딸은 '물컵', 외아들은 '부정 편입학 의혹'으로 시작하여 회장 일가 모두가 '갑질'로 세계적인 유명세를 타고 있는 국내 모 항공사에서 유럽 각국의 여러 도시를 후보로 몇 주제에 대해 앙케트 조사를 한 적이 있다. 좀 당황스러운 설문도 있었고, 황당한 순위의 결과도 있었는데, 당시 설문 중 하나가 '먹고 싶은 유럽'이었다. 스위스 초콜릿과 퐁뒤, 헝가리 굴라쉬, 체코 콜레뇨, 스페인 하몽 등 우리 입에 안 맞을 수도 있는 음식들도 순위에 있었는데, 당시 해당 설문에서 1위로 뽑힌 먹거리가 바로 **나폴리 피자**였다.

쉽진 않긴 하지만, 우리나라보단 간판 밀도가 낮아 꼼꼼히 보면 브란디를 찾을 수 있다.

나폴리는 피자의 본고장이다. 특히 마르게리타 여왕(Queen Margherita)의 이름을 딴 마르게리타 피자의 원조가 바로 나폴리 플레비시토 광장(Piazza del Plebicito) 뒤에 위치한 브란디(Brandi)이다. 나폴리가 그렇지만 브란디가 위치한 구역도 구도시라 찾아가기는 쉽지 않을 수도 있다. 메뉴판도 '*제대로 된 이탤릭체*'라 읽기 쉽지 않을 수도 있다. 나폴리 전통의 화덕을 사용하여 굽는 방식이라 담백하면서 고소한 불맛도 느낄 수 있다. 우리나라 프랜차이즈 피자에 비해 도우가 얇고 기름기가 적어 1인 1판씩 주문해도 남기지 않고 충분히 먹을 수 있는 나름 건강한(?) 피자를 맛볼 수 있다.

시선을 빼앗길 수밖에 없는 맛과 향이다.

앞에서 얘기한 '아인슈페너'와 마찬가지로 주변에 '나폴리 피자' 또는 '화덕 피자'를 전문으로 하는 이탈리아 식당이 있다면 한 번쯤은 찾아가 보도록 하자. 정크 푸드에 가까워진 프랜차이즈 피자에서는 느낄 수 없는 나폴리의 맛을 제대로 느낄 수도 있다.

디에고 마라도나

앞에서도 기술한 대로, 로마 이남의 이탈리아는 이탈리아 내에서도 '촌' 또는 '오지'의 느낌이 강하다. 도시 내의 건물 자체도 세련된 북부 이탈리아와는 달리 오래되어 허름하고, 거리는 지저분하며, 부랑아를 쉽게 볼 수 있고, 차나 보행자 모두 교통 법규를 잘 지키지 않는다. 그러다 보니 나폴리와 나폴리 시민은 이탈리아에서도 변두리 촌놈 취급을 당하며 무시와 소외를 받아 왔다.

이런 나폴리인들에게 나폴리를 연고로 하는 축구팀 '나폴리(Società Sportiva Calcio Napoli SpA)'의 선전은 위안과 자긍심이었다. 사실 이탈리아 축구 리그 세리에 A(Serie A) 우승은 나름 돈 많은 북부 클럽들의 — 유벤투스, AC 밀란, 인터밀란, AS 로마 등 — 전유물이었다. 가난한 남부 축구팀의 우승은 세리에 A가 출범한 후 100여 년 동안 한 번밖에 없었다고 한다. 당시 1부 리그 강등 위기에 놓여 있던 나폴리는 엄청난 이적료를 지불하고 스페인 리그 FC 바르셀로나에서 뛰고 있던 아르헨티나의 천재 축구선수 **디에고 마라도나**(Diego Armando Maradona Franco)를 영입한다. 그 이후, 1986~1987, 1989~1990 시즌 세리에 A 우승, 1986~1987 코파 이탈리아(Coppa Italia) 우승, 1988~1989 시즌 UEFA 컵 우승 등 나폴리는 마라도나 이전과는 전혀 다른 팀이 되었고, 마라도나는 나폴리 시민들에겐 영웅이 되었다. 현재도 당시 마라도나의 등 번호 10번은 그에 대한 존경과 감사의 뜻으로 영구 결번되었고, 2017년 나폴리 시는 마라도나를 초청해 명예 시민권을 부여한다.

나폴리인들에게 마라도나는 이런 존재였기 때문일까? 1990년 이탈리아 월드컵에서 무실점 전승으로 4강에 오른 이탈리아와 마라도나의 아르헨티나가 바로 이곳 나폴리 구장(Stadio San Paolo)에서 맞붙었을 때, 열광적으로 편파적인 이탈리아 아니 나폴리 관중들은 아르헨티나 선수들에게 조롱과 야유를 보내지 않았다고 한다. 그 대신 아르헨티나 국가 연주를 예의를 갖추어 끝까지 경청해 주었고, 경기 중에 아르헨티나 아니 마라도나를 응원하기도 했다고 한다. 스킬라치(Salvatore Totò Schillaci)의 첫 골로 앞서가던 이탈리아는 대회 첫 실점을 허용한 뒤, 연장전까지 치렀으나 1:1 무승부로 끝났고, 승부차기 끝에 아르헨티나가 결승에 진출한다. 이탈리아는 6경기 만에 1실점을 하고 탈락하는 비운의 팀이 되었고, 이때부터 월드컵 승부차기의 악몽이 시작된다.

1990년 월드컵 첫 출전한 이탈리아 로베르토 바지오(등 번호 15번)와 아르헨티나의 주장 디에고 마라도나(등 번호 10번) 모두 승부차기 키커로 나와 골을 성공한다.

사족으로, 이탈리아와 아르헨티나는 1974년부터 1990년까지 5번 연속 월드컵에서 만났는데, 그중, 디에고 마라도나와 비운의 스타 로베르토 바지오(Roberto Baggio), 두 명의 판타지스타(fantasista)가 맞붙었던 1990년 월드컵 4강전이 — 경기 내용은 별로였지만 — 잊지 못할 로맨틱 매치였다.

남부 투어

나폴리도 아름답지만 나폴리부터 살레르노(Salerno)까지 이어지는 해안도로와 그 주변 지역들 역시 세계적인 절경들이다. 서기 79년 있었던 베수비오 화산 폭발로 당시 로마에서 가장 번성하였던 도시 폼페이는 순식간에 두꺼운 화산재에 묻혀 사라진다. 그 후 서로마 제국이 멸망하고, 프랑크 왕국이 유럽의 패권을 잡았다 사라지고, 또 신성 로마제국이 들어서는 등 긴 우여곡절의 역사 속에서 폼페이는 완전히 기억에서 잊혔다.

그렇게 역사에서 사라진 폼페이는 16세기 수로 공사 중 땅을 파다 몇 유적지가 우연히 발견되었고, 18세기 이후에서야 본격적인 발굴이 시작되어 지금 수준의 고대 폼페이 유적지를 볼 수 있게 되었다. 피난을 갈 새도 없이 최후를 맞이한 폼페이인들을 생각하면 슬프지만, 급격한 폭발과 급속한 매몰 덕분에 그 시절의 유적이 역사의 소용돌이 속에서도 지금까지 생생하게 보존될 수 있었던 것이다. 유적지를 둘러보면, 2,000여 년 전에 이 정도 수준의 문명을 가진 도시가 한순간에 이런 비참한 최후를 맞았다는 사실은 할 말을 잃게 만든다.

폼페이 유적지에서 볼 수 있는 화석은 우리가 알고 있는 생물학적 화석과는 다르다. 화산재에 매몰된 시체가 부패하여 사라지는 동안 폭발 당시 고온이었던 화산재가 식고 경화되어 시체가 차지한 공간이 거푸집 형태로 보존될 수 있었다. 발굴 당시 사람의 흔적이 발견되지 않는 것을 의아해했던 고고학자 주세페 피오렐리(Giuseppe Fiorelli, 1823~1896)의 아이디어로 앞서 거푸집 같은 공간에 석고나 유리 섬유를 부어 형상을 복구하며 발굴할 수 있었다.

폼페이에서 남쪽으로 더 내려가게 되면, 나폴리 만을 사이에 두고 나폴리와 마주하고 있는 소렌토가 있다. 괴테(Johann Wolfgang von Goethe, 1749~1832)도 머물렀던 것으로 알려진 Imperial Hotel Tramontano에서 잠바티스타 쿠르티스(Giambattista de Curtis, 1860~1926) 역시 영감을 받아, 우리에게도 잘 알려진 「돌아오라 소렌토」를 작곡했다. 여유가 되면, 포지타노(Positano) 절벽에 걸려 있는 레스토랑에서 석양을 바라보며 저녁 식사를 하고, 아말피(Amalfi) 낭떠러지 위의 해안도로를 차로 달리는 것도 멋있을 것 같다. 적당한 해변에서의 해수욕도 괜찮은 선택이 될 수 있겠다. 지중해 수온은 우리나라 주변 해역의 수온보다 상대적으로 높아, 10월에도 해수욕이 가능하다.

인터넷에서 '**남부 투어**'라는 이름으로 검색해 보면, 몇 현지 한인 투어 업체에서 위에서 열거한 지역의 일일 투어를 제공한다. 로마에서 아침 일찍 출발하여 밤늦게 도착하는 일정이라 피곤하긴 하지만, 로마까지만 보고 말기에 아쉬움이 남는 이탈리아 여행자들은 일정에 무리가 없다면 하루 정도는 투자할 가치가 있다. 폼페이에서 투어를 시작할 수도 있으니 나폴리에 머물면서 나폴리 관광을 하고, 나폴리 중앙역 옆 민자 철도역인 가리발디역에서 폼페이까지 기차로 이동해 투어팀과 합류해도 된다.

Addiopizzo

염소 수염처럼 뾰족한 수염을 이탈리아어로 피초(pizzo)라고 부른다. 그리고 이 단어는 지역 상인들이 마피아에게 강제로 상납하는 검은 돈을 얘기하기도 한다. 영화에 나오는 남부 이탈리아, 특히 시실리는 얼마 전까지만 해도 영화에 등장하는 마피아들이 기관총을 난사하고 다니는 그런 곳이었다고 한다. 공권력은 전혀 힘을 못 쓸 뿐 아니라 오히려 돈을 받고 마피아들의 뒤를 봐주었고, 지역민들 역시 그런 공권력을 신뢰하지 못한 채 검은 세력에게 피초를 상납하고 연명하는 악순환의 연속이었다. 필자의 이탈리아 여행에서도 팔레르모를 비롯한 시실리 지역은 제외되었다. 이유는 당연히 치안이었다. 흉흉한 루머들이 많은 곳이라 어린애들을 데리고 갈 만한 곳이 아니라 판단했었다. 그 옛날, 느꼈던 팔코네 부부와 보르셀리노의 죽음에 대한 충격도 한몫했을 것 같다.

또 많은 세월이 흘렀다. 〈시네마 천국〉의 영사 기사 알프레도(Philippe Noiret 분, 1930~2006)는 세상을 떠났고, 똘망똘망했던 어린 토토(Salvatore Cascio 분)가 불혹을 맞는다. 이탈리아는 한 번 더 월드컵 우승을 했고, 영원할 것 같았던 베를루스코니(Silvio Berlusconi, 1936~) 정권도 물러났다. 강산이 몇 번 바뀌었으니, 당연히 이탈리아도 변했다. 다시는 어떤 의인도 나타나지 않을 것 같았던 시실리에서, 용기 있는 대학생들을 중심으로 마피아에 대항하는 아디오피초(**addiopizzo**) 운동이 전개되었다. 당시 시실리 주민들은 정의로운 일이지만 내 자식만은 위험에 빠지지만은 않길 바라는, 마치 1987년 대학생 자녀를 둔 한국 부모들처럼 초조, 불안해했고, 실제로 초기에는 크고 작은 위기와 위험이 있었다. 그리고 다행히, 지금까지의 평가는 성공적이다. 공권력은 마피아의 하수인 노릇을 접고, 제 역할을 하게 되었으며, 지역 상인들은 더 이상 마피아에 피초를 내지 않는다. 어쩔 수 없이 믿고 의지하던 마피아보다 아디오피초에 대한 신뢰를 보내고 있는 지금, 마피아의 세력권은 갈수록 좁아지고 있다. 이제는 여행객은 물론, 지역 주민들도 출입하기 어려웠던 위험 지역도 어둠이 걷히며 활기를 띠고 있다.

다시 남부 이탈리아를 방문한다면, 아무 계획 없이 시실리로 들어가 팔레르모 적당한 곳에 숙소를 잡고 아무 욕심 없이 한 달만 살다 오고 싶다. 골목 여기저기를 거닐며 애들에겐 피자와 젤라토를 사 주고 기회가 되면 마시모(Massimo) 극장에서 오페라를 감상한 후 남부 이탈리아 와인을 맘껏 즐기다 오고 싶다.

L'amore ai tempi della mafia

2017년, 프란체스카가 남편 지오반니에게 선물했던 책에서 다음과 같은 짧은 메모가 발견되었다. 이탈리아 언론에서는 '**L'amore ai tempi della mafia**(마피아 시대의 사랑)'이라는 제목의 기사로 그들을 다시 추모했다. 연인 또는 부부 간에 흔히 주고 받는 평범한 문구일 뿐이지만, 사반세기 전 그들의 삶과 죽음을 떠올려 보면, 그 느낌은 평범하지 않다. 번역기를 돌렸더니 느낌이 반감되어, 번역은 독자의 몫으로 넘기고 아래와 같이 원문을 기재한다.

> *"Giovanni, amore mio, sei la cosa più bella della mia vita. Sarai sempre dentro di me così come io spero di rimanere viva nel tuo cuore." - Francesca*

05

Hô Chi Minh & Viet Nam

필자와 비슷한 연배의 사람들이 초·중·고등학생이던 시절은 아마 베트남과 국교가 단절되어 있을 때가 아닌가 싶다. 베트남 전쟁이 종료된 1975년 이후 한동안은 베트남과의 교류가 끊어진 상태였다가, 1992년 국교 정상화가 이루어졌다. 국교 수립 이전의 베트남에 대한 이미지는 '반공 의식 부족으로 패망한 월남', '타산지석(他山之石)으로 삼아야 할 적화 통일된 월남'이었고, '디어 헌터'였던 미군 전쟁 포로들에게 러시안 룰렛을 시키고, 대충 쏜 '람보'의 기관총에 픽픽 쓰러져 죽는 악당들의 나라였는데, 어느덧 교역, 투자, 관광 심지어 국제 결혼(?)에서 한국의 주요 상대국이 되었다. 높은 비율의 젊은 인구, 넓고 긴 국토, 풍부한 자원 등 발전 가능성 또한 무궁무진하다. 그래서인가 우리 다음 세대에게는 영어, 중국어보다 베트남어를 가르쳐야 한다는 얘기가 심심치 않게 들린다.

베트남의 역사는 우리가 생각하는 것 이상으로 '찬란'하다. 오랜 시간 중국의 영향력하에 있었으나, 조선이 명, 청을 대할 때와 같은 극진한(?) 사대(事大)의 관계는 아니었다. 꾸준히 중국의 영향권을 벗어

나기 위한 노력을 하면서도, 주체적으로 중국의 문명을 수용하여 독자적인 문화와 정치적인 발전을 이루어 왔다. 근현대로 들어와서는 2차 세계 대전 중 일본, 그 이후 프랑스 세력을 몰아내었고, 다윗과 골리앗의 싸움으로 불렸던 미국과의 전쟁에서 승리하여 분단될 수도 있었던 남북을 통일하여 하나의 민족 국가를 유지하고 있다. 긴 역사 동안, 그들은 그들과 비교가 안 되는 수준의 국력을 가진 강한 침략자들을 힘으로 패퇴시키며, '제국의 무덤'이 되었다. '신은 세상을 만들었지만 네덜란드는 네덜란드인이 만들었다'는데, 여기에 한마디 덧붙이자면, '베트남도 베트남인이 만들었다'고 할 만하다.

이런 베트남의 역사를 생각하면, 타 문화와 외국인에 매우 배타적일 것이라는 선입견을 가질 수도 있는데, 오히려 정반대이다. 외국 문명, 문화 수용에 너무도 적극적이다 보니, 전통의 문자마저 사라지고(?), 현재는 알파벳을 — 아마 이전에는 한자를 썼을 것이다 — 변용하여 사용한다. 외국 여행객은 입국신고서 없이 입국할 수 있고, 택시, 식당, 기념품점, 호텔 등에서도 친절과 호의하에 — 영어가 안 통하는 곳이 많지만 — 불편함 없이 여행할 수 있다. 최근에는 한국인 축구 감독 열풍에 힘입어 한국인 여행자들은 추가의 친절과 호의를 받으며 여행할 수 있다.

오래전 얘기로 돌아가면, 한국군의 베트남전 참전이 자발적이었는지 비자발적인 것이었는지 모르겠지만 명분 없는 전쟁에 참전한 것은 확실한 듯하다. 그리고 그 명분 없는 전쟁에 너무 깊이 들어갔다. 당시 한국군은 총 든 군인과의 전투에서만이 아닌 다른 곳에서도 과한 용맹(?)을 발휘한 덕분에 베트남군은 물론 무장하지 않은 양민들에게도 무섭고 두려운 존재였다고 한다. 아마 고령의 베트남인들 중에는 아직 전쟁의 한을 품고 있는 이들도 꽤 있을 것이다. 국교 정상화가 되고 이미 긴 세월이 흘렀지만 그 시절의 아픔을 없애기 위한 노력은 특별히 없었고, 여전히 앙금이 남아 있을 것 같다. 그러나, 무슨 이유인지 베트남 정부는 한국 정부에 대해 사과 요구는커녕 논의 자체를 꺼리고 있다고 한다. 그들의 표현을 빌자면 '베트남은 승전국이기에 사과 받을 이유가 없어서'일 수도 있고, 한편으로는 그들에게 부끄러운 역사여서 그럴 수도 있겠다. 하지만 개념 없는 일본 우익들이 그래왔듯이 그냥 대충 묻고 넘어가서는 안 될, 어찌 보면 우리가 부끄러워해야 할 역사임에 틀림없다.

삼성 다니는 남편과
까칠한 애 둘 데리고

40여 년의 세월이 흘렀지만, 그 시절 참전했던 한국과 한국군이 저지른 고통과 아픔을 잊지 못하고 있을 베트남과 베트남인들이 한국의 음악과 영화를, 한국 기업을, 한국인 축구 감독을 그리고 한국인 여행자들을 호의로 받아들여 주고 있다. 그들에게 우리는 돈을 써 주러 온 고마운 여행객이겠지만 한편으론 마음이 짠하다.

여행자의 입장에서 볼 때, 베트남이라는 나라 자체가 관광객을 끌어당기는 매력이 있는 나라는 아니다. 덥고 습한 날씨, 붐비는 도로, 열악한 대중교통, 매연과 소음, 낮은 위생 수준에 딱히 내놓을 만한 랜드마크도 없다. 그럼에도 불구하고, 베트남 주요 도시에는 우리나라는 물론 전 세계 관광객들이 넘쳐난다. 여행객 입장에서는 싼 물가와 풍성한 먹거리 그 자체가 훌륭한 여행의 필요조건이 될 수 있겠지만, 그것만이 베트남을 찾는 이유는 아닐 것이다. 그럼에도 불구하고, 언젠가는 그 짠한 감정과 함께 다시 베트남을 찾게 될 것 같다.

월남

오나라와 월나라는 정말 사이가 안 좋았던 것 같다. 사마천(司馬遷)의 『사기(史記)』에 나오는 오왕 합려와 부차, 월왕 구천 그리고 오자서와 서시가 등장하는 와신상담(臥薪嘗膽) 고사에서 그랬고, 오월동주(吳越同舟) 고사에서도 그렇다. 월나라는 삼국지의 한 축이었던 오나라에 서쪽으로 이웃한 나라로 알려져 있고 이 사람들은 월(越)족으로 불리었다. 월족과 같은 민족인지 다른 민족인지는 모르겠으나 월나라 남쪽에 사는 이들은 **월남**인(越南人)이라 불리었고 지금의 베트남 북부 하노이 근방에 터를 잡고 살고 있었다.

베트남 지도를 보면 알겠지만, 베트남 국토는 남북으로 길다. 동쪽은 바다로 막히고, 서쪽은 쯔엉선 산맥으로 막히다 보니 북에 자리 잡은 월남인들은 남쪽으로만 확장할 수밖에 없었다. 안데스에 막혀 긴 국토를 갖게 된 남미의 칠레와 비슷한 이유이다. 17세기가 되어서야 지금의 호찌민까지 확장을 하여 현 상태의 국토가 완성되고, 여러 번 분열 위기가 있었으나, 이를 극복하고 통일 국가를 이루고 있다.

미스 사이공

호찌민 시의 옛 이름은 사이공(Sài Gòn)으로 한자어 서공(西貢)에서 왔다고 한다. 중국에서 붙인 이름으로 서쪽에서 조공을 바치는 곳이라는 뜻이다. 베트남인들 입장에서는 그리 좋아할 만한 이름은 아닐 것 같은데, 프랑스 식민지 시대에 서양에 알려지면서 국제적으로는 호찌민보다 익숙한 이름이 되었다. 사이공역과 사이공 동물원, 사이공 센터, 공항의 국제항공운송협회 코드(IATA code)는 여전히 SGN이다.

사이공이라는 이름이 호찌민보다 유명해진 데에는 영미권에서 히트친 뮤지컬 〈**미스 사이공**〉이 한몫하지 않았나 싶다. 전쟁으로 가족을 잃은 17세 베트남 소녀 킴(Kim)과 미군 크리스(Chris)가 만드는 현대판 〈나비부인〉인 〈미스 사이공〉은 런던과 뉴욕에서 10년 이상 장기 공연한 나름 성공한 작품이다.

세계 몇 대 뮤지컬 중의 하나니 어쩌니 하면서 떠들어 대니, 런던이나 뉴욕을 다녀온 꽤 많은 여행자들이 이 뮤지컬을 보고 온 것 같기도 하다. 그러나 내용을 들여다보면, 무책임한 미군 크리스의 행위는 시종일관 그럴듯한 변명으로 포장되고, 사이공은 미군들의 성인 놀이터로 묘사되며, 베트남전의 미군은 침략자가 아닌 구원자로 그려진다. 지나치게 서구적인 시각으로 사이공, 아니 아시아가 묘사되며, 반전 단체들의 주장처럼 전쟁을 미화한 부분도 없지 않다. 오리엔탈리즘에 반대하는 필자는 이런 뮤지컬 공연은 본 적 없고, 돈 내고 볼 생각도 없다.

노트르담과 중앙청

'파리'라는 이름은 예술과 낭만의 대명사로 쓰이나 보다. 자칫 삭막해 보일 수 있는 도시에서 중세 시절의 성당에서 볼 수 있는 건축 양식의 건물을 보면 파리를 가 보지 않은 사람들도 '파리 느낌'을 갖는다고 한다. 그런 이유로, 캐나다 몬트리올(Montréal)을 북미의 파리, 아르헨티나 부에노스 아이레스(Buenos Aires)를 남미의 파리라 부른다.

아시아에도 파리라 불리는 도시도 있으니 그게 바로 — 동의하기 힘들지만 프랑스 식민지였다는 이유로 — 호찌민 시이다. 그리고, 호찌민을 그리 부를 수 있는 근거(?)가 바로 시내 중심에 위치한 **노트르담** 성당과 에펠탑의 그 에펠(Alexandre Gustave Eiffel, 1832~1923)이 설계한 중앙 우체국이고, 이 둘이 현재는 호찌민 시의 랜드마크가 되어 있다. 베트남인들 특유의 개방성 때문인지 모르겠으나, 식민지 시대의 잔재인 이런 건물들을 헐어 버리지 않고 유지시키고 있는 것이 재미있다. 식민지 시절과 다른 점이라면 우체국 정중앙에 커다란 호찌민 사진이 걸려 있는 것뿐이다.

사실, 우리나라도 다르지 않았다. 경복궁 앞의 확 트인 세종대로를 막고 있었던 일제 시절 '조선 총독부'는 광복 후 '**중앙청**'으로 개명하여 정부 청사 역할을 했었고, 어찌 보면 — 대통령 취임 기념 우표에도 등장했던 — 서울의 랜드마크였다. 신 정부 청사가 완공되어 행정 부처들이 이전한 이후에는 용도를 변경하여 국립 중앙 박물관으로 쓰였던 조선총독부 건물은 광복 후 반세기가 지난 후 찬반 논의 끝에 겨우 철거되었다. 생각해 보면, 당시 우리나라를 방문했던 외국인, 특히 일본인들 눈에, 우리 역시 재미있게(?) 보였을 것이다.

벤탄 시장

우리나라를 찾는 외국 관광객들이 그렇듯, 우리가 외국에 나갈 때 흔히 들르는 곳이 바로 시장이다. **벤탄 시장**(Chợ Bến Thành)은 호찌민시 최대의 전통 시장으로 쇼핑만이 아닌 식사나 술자리를 목적으로 방문하기에도 훌륭하다. 주변에 사이공 센터 같은 외국 거대 자본이 투입되어 운영 중인 대규모 백화점이 있음에도 잘 버티고 성업 중인 것으로 — 적어도 내 눈에는 — 보인다.

가격 협상은 필수인데, 약간 져 주는 기분이 들면 협상이 끝나도 그리 큰 손해는 아니다.

동남아 어느 시장이나 마찬가지이지만, 흥정은 필수다. 보통 반값까지 떨어지는데, 깎는다고 깎아 놓고 생각해 보면 몇백 원 차이밖에 안 나는 경우가 많다. 베트남 화폐인 동(VND)이 화폐 단위가 커서 그렇지 우리 돈으로 환산해 보면 얼마 안 되는 금액인 경우가 많으니 너무 야박하게 굴지 말고 어느 정도 여유 있는 여행객의 모습을 보이는 것도 좋겠다. 우리도 여행 경비 절감을 위해 애쓰는 여행자들이지만, 우리나라보다 경제 수준이 떨어지는 나라에서 절약하기보다, 차라리 물가 비싼 유럽이나 미국, 일본 등지에서 좀 더 아껴 쓰는 게 어떨까 한다. 미국 식당에서 '강요 받는' 15% 팁은 당연히 지불하면서, 베트남 시장에서 10,000동(=500원)을 깎으려 애쓰는 건, 생각해 보면 창피한 일이다.

Cà phê sữa đá

베트남은 커피(cà phê) 강국이다. 최대 커피 생산국인 브라질에 이어 세계 2위의 커피 생산국이다. 브라질, 콜롬비아나 에티오피아 등지에서 생산되는 아라비카(arabica) 커피는 별다방, 콩다방 등 글로벌 커피 전문점의 에스프레소가 되어 약간 고가, 고급 커피 대접을 받는 반면, 베트남의 주생산 품종은 로부스타(robusta) 커피로 커피믹스, 캔커피 등의 주원료이다. 전 세계 로부스타 커피의 40% 이상이 베트남산이며, 우리나라에서 만들어지는 믹스 커피의 대부분은 베트남산 로부스타이다.

베트남 커피의 역사는 19세기로 거슬러 올라간다. 당시 네덜란드는 식민지였던 인도네시아에서 재배된 커피를 '자바 커피'라는 이름으로 내다 팔아 빅히트를 쳤다. 이에 자극받은 프랑스는 비슷한 위도에 있는 식민지 베트남에 커피 재배를 계획했고, 덥고 습한 베트남 기후에 맞는 커피 품종으로 로부스타를 선정하여 계획적으로 커피 생산을 시작한다. 씁쓸한 커피를 마시기 위해 우유를 첨가하였는데, 당시 베트남에는 도로 인프라 등이 제대로 갖추어져 있지 않아 신선한 우유의 공급이 어려웠다고 한다. 어쩔 수 없이 보존기간이 상대적으로 긴 연유(sữa)를 넣어 먹게 되었고, 이것이 지금의 카 페 쓰어(cà phê sữa)가 되었다.

20세기 들어와 냉장, 냉동 기술이 보급됨에 따라, 얼음이 커피에 추가되었다. 베트남은 겨울에도 얼음이 어는 것을 볼 수 없는 나라이다 보니, 그들은 냉동고에서 만들어진 얼음을 '물로 만든 돌(đá)'이라는 이름을 주었다. 그들의 언어에는 우리말과는 달리 액체가 고체로 변하는 과정에 대한 내용이 없이 — '얼다'에서 '얼음'이 파생되는 것과 같은 과정이 없이 — 결과물만이 이름에 담긴 것이다. 어쨌든, 얼음이 추가된 커피는 덥고 습한 베트남 사람들에게 보다 인기 있는 음료가 되었고 이렇게 카 페 쓰어 다(**cà phê sữa đá**)가 — 굳이 동네 카페에서 비슷한 메뉴를 찾는다면 '아이스 연유 라떼' 정도 — 베트남 대표 커피로 자리 잡는다. 보통 스테인리스 채에 뜨거운 물을 부어 커피를 내리는데 이 도구를 핀(phin)이라고 한다. 몇몇 카페에서는 카 페(cà phê) 대신 핀이라는 이름을 쓰기도 한다.

관광객들은 보통 베트남 커피 체인점인 하이랜드 커피(Highland coffee), 콩 카페(Con café) 등을 즐겨 찾지만, 베트남 전통의 커피는 역시 길거리 커피 장인(匠人)들의 작품이다. 구체적으로 설명하자면, 진하게 내린 커피에 연유를 넣고 뭉치지 않게 잘 저은 후, 커다란 얼음 조각을 망치로 깨어 넣어 완성하는 카 페 쓰어 다를 도로변이나 시장 한복판 플라스틱 의자에 쪼그리고(?) 앉아 즐기는 것이다. 언제나 시끄러운 도로, 지독한 매연, 높은 기온과 습도 등, 어느 하나 맘에 드는 게 없는 공간에서 달고 시원한 카 페 쓰어 다에 기다란 빨대를 꽂아 얼음 부딪히는 소리가 들리게 저어 한 모금 마셔 보자. 적어도 그 순간만큼은 앞에서 얘기한 모든 스트레스가 날아갈 것이다. 여담으로, 현지에서 만나게 되는 '진정한 커피 고수'들은 그런 환경에서도 쓰디쓴 로부스타 블랙커피를 뜨겁게 — 웬만한 내공으로는 힘들 것 같은데 — 마시기도 한다.

길 건너기

'베트남에 자전거가 사라지고 오토바이가 늘어나고 있다'는 오래된 은행 광고가 있었다. 어느덧 세월은 흘러, 현재의 베트남은, 어느 도시든 오토바이 천국이 되었다. 셀 수 없이 많은 오토바이들이 끊임없이 빵빵대며, 신호등도 제대로 안 갖춰진 도로를 누비고 다닌다. 처음 볼 때는 놀랍고 무서울 정도로 무질서해 보였는데, 자세히 관찰해 보면 나름의 불문 교통법규가 있다. 엄청난 수의 질주하는 오토바이와 가끔 보이는 느릿느릿한 자전거, 택시와 버스까지 닿을 듯 말 듯한 간격을 유지하며 사고 없이 조화롭게 직진과 좌회전을 한다.

문제는, 보행자, 특히 외국인 관광객에게는 이런 도로 환경에서 **길 건너기**가 공포스럽다는 것이다. 처음에는 인도에서 차도로 발을 내딛기조차 겁이 난다. 신기한 점은 보행자가 차도로 들어서면 마치 작은 물고기떼가 갑작스레 만난 스쿠버 다이버를 피해 가듯 보행자를 살짝 피해 접촉 사고 없이 지나간다. 좀 시끄럽게 빵빵대기는 해도 베트남 오토바이 운전자들은 돌발 상황에 대한 예측력과 반사 신경이 높아 아무렇지도 않게 보행자를 피해 다닌다.

처음에는 무섭고, 두렵겠지만, 몇 번 해 보면 보행자는 눈을 감고 길을 건너도 문제가 없을 것이라는 것을 알 수 있다. 내가 뛰어들면,

저들이 알아서(?) 잘 피해 가겠구나 하는, 신뢰 반, 방심 반의 경지에 오를 수 있다. 그래도 조심해야 할 점은 예측 범위 내에서 행동해야 한다는 것이다. 걷다가 갑자기 뛰기 시작한다든지, 방향을 바꾸거나 뒷걸음을 친다든지, 걸음을 멈추고 엉뚱한 행동을 하는 등, 오토바이 운전자들의 예측을 벗어난 행동은 피하고, 가능한 일정한 속도로 직진하면 아무리 오토바이가 많더라도 사고 없이 안전하게 길을 건널 수 있다.

고수 빼 주세요

세계 곳곳을 여행하다 보면, 음식 문화의 차이에서 오는 피로감이 만만치 않다. 이를 극복하기 위해, 우리 가족은 밥과 김치를 싸 들고 다니면서 이를 계획적으로 소모하여 한식에 대한 동경과 이국식에서 오는 피로를 해소한다. 이런 관점에서 보면, 베트남 여행은 매우 편안하다. 대부분의 음식들이 한국인 입맛에 맞을 뿐 아니라, 가격도 저렴해서 먹고 즐기기에 부담이 없다.

문제는 고수를 포함한 향이 강한 향신료들이다. 호불호가 극명하게 갈리는 향신료 고수는 현지어로 라우 무이(rau mùi) 또는 라우 응오(rau ngổ)이다. 그리고, 베트남 여행자들을 위한 간단 베트남어에 반드시 등장하는 표현이 있으니 '고수 빼 주세요'이다. '씬 등 쪼 라우 무이(Xin đừng cho rau mùi)' 또는 '씬 등 쪼 라우 응오(Xin đừng cho rau ngổ)'가 되겠다. 나름, 준비성이 철저한 여행자들은 이 문구를 외우거나 기록해서 다니며, 식당에서 음식 주문 시 활용하곤 한다.

사실, 필자는 고수를 즐긴다. 엄밀히 말하면 즐기려고 노력한다. 특정 지역에서 형성된 전통 음식 문화는 긴 세월 동안 그 지역에서의 건강한 생존을 위해 만들어진 매우 과학적인 삶의 방식이라고 믿기 때문이다. 최근에서야 고수의 효능에 대해 나름 과학적인 분석이 보고되고 있으나, 그런 분석이 없어도 기나긴 그들의 역사와 함께한 고수의 효능은 미루어 짐작할 수 있다. 언제나 여름인 고온다습한 베트남 환경에서 변질되기 쉬운 음식을 냉장고도 없이 취급하던 베트남인들에게, 고수는 그들의 음식 문화에서 소화 촉진, 항균과 항염, 비타민과 미네랄 등 필수 영양분 보충 등 다방면에 충분히 중요한 역할을 해 왔을 것이다.

베트남 식당에서는 고수 외에도 향이 강한 이름 모를 야채들이 식탁에 오른다.

이런 의미에서, 현지 음식은 현지의 방식으로 섭취하는 것이 건강한 여행을 하기 위한 필요조건 중 하나이다. 동네에 있는 베트남 음식점에서야 고수를 넣건 빼건 별문제 없겠지만, 덥고 습한 베트남을 여행하며 위생 수준이 우리 기준에 미치지 못한 현지 식당에서는 그들의 방식대로 먹고 사는 것이 '**고수 빼 주세요**'를 베트남어로 외워서 여행하는 것보다 훨씬 영리한 방법이지 않을까 생각한다.

비, 땀, 국물

동남아시아 국가들이 다 그렇지만, 베트남의 계절은 봄, 여름, 가을, 겨울보다는 우기(雨期)와 건기(乾期)로 구분된다. 건기가 아닌 계절에 베트남을 방문하면 심심치 않게 **비**를 만나곤 한다.

폭우가 쏟아져 침수된 도로에서 물이 무릎까지 차오르는 일은, 베트남 우기에는 — 여행객들은 겁을 먹을 수도 있지만 — 흔한 일이다.

생각해 볼 점은, 비를 대하는 자세이다. 우리는 우산을 쓰거나, 비옷을 입거나, 아예 외출을 삼가는 식으로 비에 젖는 걸 피하려는 반면, 베트남인들은 허구한 날 내리는 비를 피하기만 하며 살 수는 없기에 빗속에서도 오토바이는 달리고, 길거리 노점상은 장사를 계속하고, 야시장도 그대로 열린다. 아직 배수 시설이 잘 안 되어 있는 지역들이 많아 어떨 땐 도로가 침수되기도 하지만, 계속되어야 할 그들의 일상을 막을 수는 없다. 현지인들은 비와 땀에 젖으며 일하고, 에어컨은 물론 선풍기도 없는 식당에서 비, **땀**이 섞인 채 뜨거운 쌀국수 **국물**을 들이키며, 농(non, 전통 모자) 하나만 머리에 얹고는 다시 빗속의 일터로 나선다. 그 끈적함마저 삶의 일부분으로 간주하고 먹고 마시고 일하며 산다.

우리가 보기에는 홍수가 나서 불어난 황토 물에 농경지가 완전히 침수된 재해 상황이지만, 그들에겐 '자연이 논밭을 갈고, 천연 비료를 뿌려 주고 가는' 고마운 시간이다. 불어난 물에 고립된 마을은 위태로워 보이지만, 같이 떠내려 온 팔뚝만 한 메기를 낚을 수 있는 절호의 기회이다. 추적추적 내리는 비도 비에 불어난 뿌연 강물도, 현지 베트남인들에겐 아무런 문제가 되지 않는다.

우기에는 우산보다, 싸구려 샌들에 비옷을 걸치고 농을 쓰는 게 그만이다.

최근 베트남 경제가 발전하면서 에어컨 빵빵한 식당이나 카페가 많이 들어섰지만, 진 땅, 마른 땅 가려 밟으며 뽀송뽀송함을 유지한 채 베트남을 여행하려는 것은 좀 지나친 사치가 아닐까 한다. 로마에 가면 로마인이 되어야 하듯, 베트남에서 또한 베트남인이 되어 보는 것도 나쁘지만은 않다.

호찌민까지 1,700㎞

어려서부터 필자는 기차 여행, 특히 장거리 기차 여행에 대한 로망을 가지고 있었다. 기차 여행을 하려고 해도, 좁은 땅을 초고속 열차로 달리다 보니 두세 시간이면 이쪽 끝에서 출발해 저쪽 끝에 닿는다. 통일이 되면 좀 더 긴 기차 여행이 가능하지 않을까 하는 단상과 함께 짧고 아쉬운 기차 여행은 끝난다. 다행히, 요즘의 남북관계를 보면, 그리 멀지 않은 날, 그런 여행이 가능할 것도 같다.

보통 유럽이나 미국처럼 넓은 대륙을 여행할 때 장거리 기차 여행을 경험할 수 있는데, 보다 가까운 곳에 있는 기차 여행하기에 좋은 나라 중 하나가 바로 베트남이다. 사실, 아시아 여러 국가의 철도는 대부분 서구 제국주의자들의 식민지 수탈 목적으로 시작된다. 인도에서 영국이 그랬듯이, 베트남에선 프랑스가 그렇게 철도를 깔았다. 지도를 보면 알 수 있는데, 베트남 국토가 워낙에 남북으로 길어 기차 여행에 최적이다. 북쪽 하노이에서 남쪽 **호찌민까지 1,700㎞**가 넘는 긴 국토를 세로로 달려 보면, 기후, 음식, 사람과 도시 등이 위도에 따라 변하는 것을 오감으로 느낄 수 있다.

장거리 여행이다 보니, 대부분은 2층으로 침대가 4개 놓인 4인 객실 칸을 이용한다. 온습도 조절 목적으로 에어컨을 무척 세게 틀어 놓으니, 어느 정도 대책을 세우고 탑승하는 게 좋다.

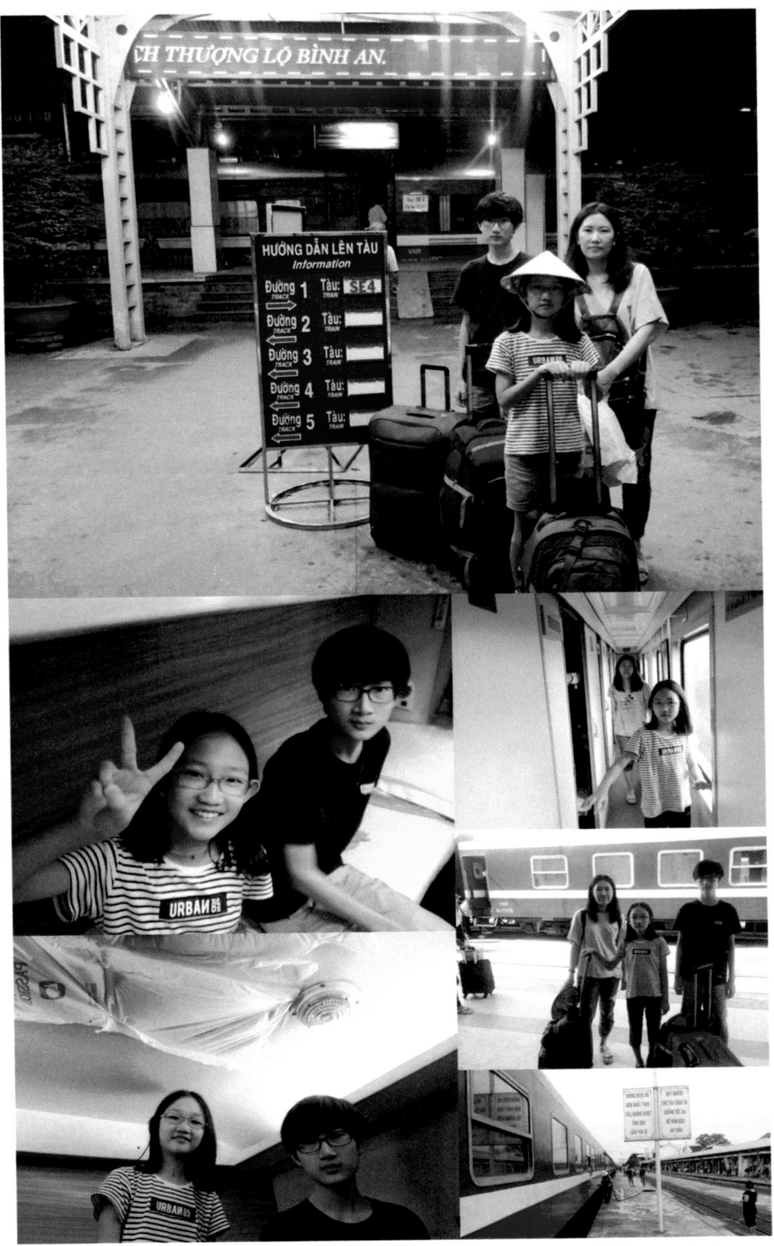

습도 때문인지 몰라도, 에어컨의 강도가 무척 세다. 사전 준비가 없으면 여름 감기 걸리기 십상이다.

06

札幌(Sapporo), 北海道(Hokkaido) & 日本

여름 휴가철이 되면 휴가지 선정에 대한 고민을 때로는 행복하게 때로는 약간의 압박을 받으며 하곤 한다. 해외에서 휴가지를 고르다 보면, 짧은 이동 시간과 상대적으로 저렴한 물가의 이점이 있는 동남아를 주로 선택하게 되고, 그렇게 뜨거운 여름에 더 뜨거운 동남아 리조트로 이열치열(以熱治熱) 휴가를 다녀오는 이들을 많이 보곤 한다.

물가가 — 사실 한국도 싸진 않다 — 저렴하진 않지만, 가까운 거리에 상쾌하게 피서를 즐길 수 있는 곳이 있으니, 바로 일본 홋카이도의 삿포로 일대이다. 일본이 워낙 남북으로 긴 나라이다 보니, 아래 규슈 지방은 한라산보다 남쪽이고, 북쪽 홋카이도는 백두산보다 북쪽이다. 삿포로의 위도는 유럽의 파리와 런던 수준의 위도에 해당하지만, 유라시아 대륙 동쪽에 위치해 대륙성 기후에 가깝기 때문에 연중 쌀쌀하다. 여름이 되어서야 우리의 봄가을 날씨가 느껴지며, 습도가 높지 않아 쾌적하고 여행하기에 적합하다. 삿포로와 북해도에 거주하는 이들은 이 잠깐의 계절을 즐기고 겨울 같은 날씨 속에서 나머지 일 년을 산다. 한국 여행자들에게는 삿포로에서 열리는 겨울 눈 축제가 더 유명한지 모르겠으나, 일본인들은 이 짧은 계절을 즐기기 위해 여름 휴가지로 삿포로, 홋카이도를 많이 찾는다.

삿포로는 여름에도 선선해서 짧은 옷을 입기 부담스러울 수 있다.

직장인의 여행에 대한 글을 쓰고 있으나, 삿포로를 포함한 홋카이도 여행은 그 전에 이루어진 것임을 미리 밝힌다. 당시 대학원생 신분으로 가족과 함께 학회에 참여할 때와 이듬해, 재방문했을 때의 이야기이다. 책 제목과는 달리 당시 애는 하나뿐이었다.

삿포로와 홋카이도에서의 오래된 사진을 정리하다 보니, 많은 것들이 바뀌기도 했지만, 시간이 흘러도 변한 것 없이 거기서 거기인 것들도 많은 것 같다. 서민이든 중산층이든 먹고사는 건 여전히 각박하고, 정치가 최악인데 경제가 위기라고 떠들어대고 있다. 다이어트와 운동은 여전히 '내일부터' 실행할 계획이며, 여기 저기에서 Queen의 음악이 울려 퍼지고 있다.

정말… 잠깐 딴생각하다가 정신 차린 것 같은데, 그때 유모차를 타던 아이가 곧 대학을 가니 세월이 많이 흐른 모양이다. 더울 때는 삿포로로 휴가 올 것을 유모차를 밀며 약속했는데, 여태 지키지 못하고 살고 있다. 요즘은 홋카이도의 여름도 뜨거워져서, 삿포로도 여름 휴가지가 못 된다는 얘기도 있던데, 그래도 빠른 시일 내에 다시 — 어느 계절이든 — 찾고 싶은 곳이다.

소년들이여 야망을 가져라

삿포로역에서 그리 멀지 않은 거리에 있는 홋카이도 대학은 — 우리식으로 얘기하면 — 농업생명과학 전문 대학이다. 걸어서 둘러보기에는 상당히 넓은 면적의 캠퍼스를 가지고 있고, 울창한 나무와 숲, 호수 등이 캠퍼스 여러 군데에 위치해 산책이나 가벼운 운동을 하기에 적합하다.

전 세계 어디나, 대학 구내 식당 밥은 가성비가 높다.

정작, 클라크 두상을 찾는 이는 아무도 없어 썰렁하다.

홋카이도 대학 캠퍼스를 산책하다 보면 클라크(William Smith Clark, 1826~1886)의 동상을 만날 수 있다. **'소년들이여 야망(野望)을 가져라'**라는 말을 — 이게 도대체 왜 명언의 반열에 오르게 되었는지 모르겠지만 — 남긴 클라크는 '8개월 동안' 대학의 부학장을 지냈다. 미국에 의해 문호를 개방한 일본이 미국인 클라크를 초빙해 부학장직을 맡기며 자체 '계몽'을 시도했는데, 일본에 의해 개항했던 우리 상황에 대입해 생각해 보면 약간 낯설게 느껴질 수도 있는 상황이다. 길지도 않은 8개월을 '머물다 간' 외국인을 동상까지 만들어 기리는 것 역시 익숙하지는 않다. 클라크가 퇴임사에서 남긴 문제의(?) 연설을 좀 더 들여다

보면 아래와 같다.

Boys, be ambitious for Christ. Be ambitious.

Not for money or for selfish aggrandizement.

Not for that evanescent thing which men call fame.

Be ambitious for Christ that attainment of all that a man ought to be.

눈치챘겠지만, 신도를 국교로 지정한 일본은 클라크의 연설에서 'for Christ'를 포함해 대부분의 얘기는 빼놓고 'Be ambitious'만 강조하여 인용했다. 당시 제국주의 일본에겐 참으로 그럴 듯한 문구였을 것이다. 군국주의자들의 야망에 의해 야망(?)만을 강요 받고 세뇌받으며 자란 수많은 'Boys'는 돌격 구호에 한마디에 비오듯 쏟아지는 총알밭으로 뛰어 들었고, 폭탄을 몸에 묶고 탱크 밑으로 기어들어 갔고, 가미카제 특공대가 되어 불나방처럼 사라져 갔다.

'Boys, be ambitious', 내 어린 시절 어떤 참고서 표지에 쓰여 있던 이 문구는 아마 제국주의 일본에게는 너무도 멋진 모토가 아니었나 싶다. 그러면서도, 이게 왜, 그리고 어떤 경로로 우리 국민의 뇌리에 박힌 격언이 되었는지는 여전히 의아하다.

팜 도미타

홋카이도를 방문한다면 놓치지 말아야 할 곳이 아사히카와(旭川)에서 비에이(美瑛)를 거쳐 후라노(富良野)까지 이어지는 JR 홋카이도 후라노선 일대이다. 광활한 비에이 언덕을 노로코(Norokko) 열차와 투어 버스 그리고 자전거를 타고 달리며 목가적인 풍경을 즐기는 것도 충분히 낭만적이지만 6, 7월이면 임시 기차역까지 만들어 관광객을 부르는 '**팜 도미타**(Farm Tomita)'의 라벤더밭은 상상 이상의 장관을 연출한다.

노로코 열차는 구형 기차로 운행 중 내뿜는 매연도 상당하다. 어찌 보면 한참 세대가 지난 폐물인데, 이를 관광 열차로 개조해서 운행하고, 이 열차를 타고 보기 위해 각지에서 관광객들이 찾아와 기차와 기념 사진을 찍는다.

비에이역 앞에는 자전거 대여소가 있다. 서로(?) 영어가 안 돼서 제대로 흥정은 못 했는데, 비싼 요금은 아니었던 것 같다.

예전에는, 해당 시즌에는 삿포로에서 출발하여 아사히카와, 비에이, 후라노를 거쳐 다시 삿포로로 돌아오는 기차를 이용할 수 있는 기간 패스를 판매했었는데 지금은 어떤지 모르겠다. 기차역 주변의 여행사 또는 관광 정보 센터에 문의하면 효율적인 투어 옵션을 구할 수도 있다.

라멘과 벤토

세계 각국을 GDP(Gross Domestic Product) 순으로 나열해 보면, 미국이 부동의 1위이고 중국과 일본이 각각 2, 3위에 랭크되어 있다. 중국이 2위 자리를 차지한 것은 최근 일이고, 인구가 13억이니 그럴 만도 하지만, 중국 인구의 십 분의 일 수준의 섬나라가 그 정도 경제 규모를 갖는다는 건 약간 놀랍다. 명목 GDP인지 구매력 기준 GDP인지에 따라 다르고, 또 집계 기관이 어디냐에 따라 약간의 순위 변동이 있지만 일본이 최상위에 순위를 올리고 있는 것은 다르지 않다.

일본은 전자 제품 강국이었다. 필자 세대라면 공감하겠지만, 그 시절 중고생들 대부분은 일제 미니 카세트나 CD 플레이어, 이후 세대는 일제 게임기에 열광했다. 이 분야에서, 이미 한국 기업들이 난공불락(難攻不落)의 성을 구축한 지금, 일본이 그 시절의 영광을 다시 누리기는 힘들 것 같다. 세계 시장에서의 자동차 패권도 예전만 못한 것 같고, 최근의 한류와 비교하면 일본 문화 산업도 빛이 바랜 느낌이다. 1990년대 이후 불황의 골이 깊고 길었고, 매년 태풍과 홍수, 그리고 지진 피해 속에서도, 빛이 좀 바랜 것 같긴 하지만, 일본은 여전히 세계 3위의 경제 대국이다.

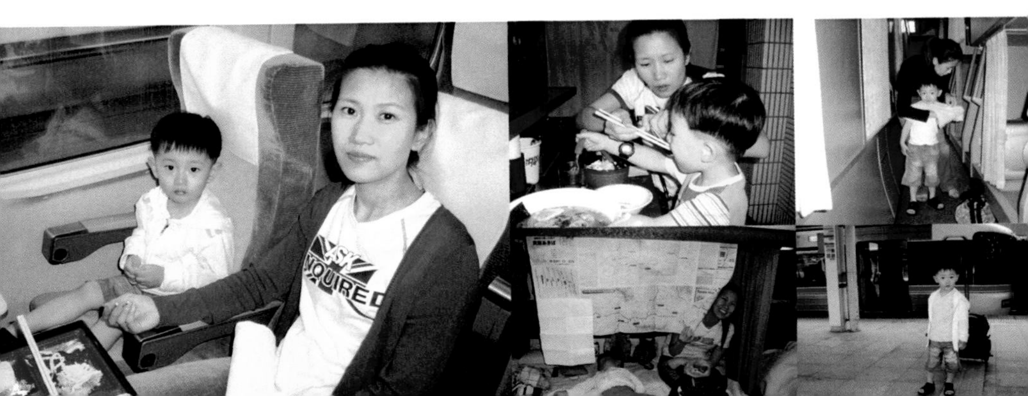

어찌 보면 부러움을 받아 마땅한 부자 나라 일본인데, 일본의 삶은 우리가 상상하는 것과 많이 다른 것 같다. 답답한 도시의 직장인들은 긴 줄을 서서 기다린 끝에 자리 잡은 **라멘**집에서 마른 김이 올라간 라멘 한 그릇과 단무지 한 접시로 끼니를 때우고, 힘든 하루를 좁은 선술집에서 맥주 한 잔으로 위로한다. 요리하여 식사 준비를 하기 보다는 편의점에 **벤토**를 고르러 다니고, 한국행 항공권 가격의 기차 티켓을 사서 쪽잠을 자며 옆 도시로 출퇴근을 한다. 어디를 가든 좁고 답답한 도시에서 더 답답한 넥타이를 동여매고, 어딘가를 향해 부지런히 가고 있다. 느끼고, 생각하고, 감탄하고, 즐기는 대신, 본능으로 일하는 일개미들처럼 무감각하게 — 어찌 보면, 무섭기도 하다 — 먹고 일하며 산다.

그래서인가, 처음 보았던 일본은 정말 대단한 나라였는데, 그들의 삶을 좀 더 자세히 들여다본 후, '일본은 과연 잘 사는 나라인가' 그리고 '일본인은 과연 행복한가'라는 의문을 갖게 되었고, 'GDP가 얼마'고 '성장률이 얼마'인지가 과연 그리 중요한지에 대해서도 의문을 갖게 되었다.

노보리베츠(登別)

필자가 다녀온 국내, 국외 온천에는 두 종류가 있다. **노보리베츠** 온천과 나머지. 그만큼 이곳은 유별난 온천이다. 버스에서 내려 온천 지구에 들어서면 숨 쉬기 힘들 정도로 진한 유황 냄새가 코를 찌른다.

자칫 속이 불편할 수도 있는데, 웬만하면 금방 적응한다. 지고쿠다니(地獄谷)를 둘러보고, 시간 여유를 내서 15분 정도 — 산행으로 느낄 수도 있는 — 거리에 있는 오유누마(大湯沼)를 둘러보길 권장한다.

빗소리를 들으며, 유황 연기를 맡으며, 그땐 참 곤히 잤다.

물론 온천욕은 필수이다. 이렇게 즉각적으로 피부가 달라짐을 느끼게 해 주는 온천은 여기뿐이 아닐까 싶다. 바로 유황 성분 때문인데, 그 효능에 대한 과학적인 설명은 아직 찾지 못했지만, 온천 직후 잠깐 동안은 피부가 매끄러워짐을 확실히 느낄 수 있으니, 충분히 만족스러울 것이다.

혜비수(恵比寿)

일본 전통의 민간 신앙에서는 복을 가져다 주는 일곱 명의 신, 칠복신(七福神)을 숭배한다. 대흑천(大黑天/다이코쿠텐), 비사문천(毘沙門天/비샤몬텐), 변재천(弁才天/벤자이텐), 복록수(福祿壽/후쿠로큐쥬), 수노인(寿老人/쥬로진), 포대화상(布袋和尙/호테이) 그리고 **혜비수**(惠比寿/에비스). 이 중 앞의 셋은 인도에서 유래했고, 그다음 셋은 중국, 마지막 혜비수는 사할린과 캄차카반도 등 지금의 극동 러시아와 홋카이도에 거주해 왔던 아이누(アイヌ)족에서 유래했다. 여섯의 외래 신에 비해, 혜비수는 그나마 일본 토박이 신으로, 낚싯대와 도미를 들고 있는 데서 알 수 있듯이, 어업의 신이다. 그리고 잘 알려진 대로 삿포로사(社)의 고급 맥주 브랜드 명이다.

일본은 맥주 생산과 소비의 강국이다. 특히 목 넘김이 편안한 라거(lager) 맥주를 과하다 싶을 정도로 부드럽게 만드는 재주가 있다. 이런 맥주들은 '맥주 맛도 모르는' 초보 주당들의 사랑을 받는다. 그래서인지 20, 30대 때에는 드라이(dry) 또는 슈퍼 드라이(super dry)라는 이름이 붙은 일본 맥주에 열광했는데, 지금은 그런 맥주들이 싱겁고 밍밍하게 느껴진다. 이렇게, 어느 정도 '맥주 맛을 알게 되었을 때' 만나게 되는 맥주가 바로 혜비수가 아닐까 싶다.

대부분의 시판용 라거 맥주는 생산 단가를 낮추기 위해 값싼 부가물을 넣거나 함량을 바꾸어 제조되는 데 비해 혜비수는 그런 과정을 거치지 않고, 100% 맥아와 홉(hop)를 사용하는 전통의 제조 공법을 그대로 고수한다. 재료의 부실에서 오는 빈약함을 보상하기 위해 제3, 제4의 향을 섞어 만든 맥주가 많은데, 혜비수는 그런 과정이 없다.

어찌 보면, 그저 맥주 본연의 맛일 뿐인데, 이 나이 되어서야 잡향이 섞이지 않은 본연의 맛을 느끼고 즐길 수 있게 된 것 같다.

와인이나 막걸리를 더 좋아하더라도, 고된 일주일을 마친 뒤 맞는 금요일 저녁에는 맥주가 어떨까 한다. 아무 맥주라도 좋지만, — 할 수 있다면 — 헤비수 한두 캔을 준비해, 마시기 직전 35분 정도 냉동실에 넣어 두었다가 꺼내 특별한 안주 없이 즐기면 된다. 진하고 달달한 상면 발효 에일(ale)과 시원하고 상쾌한 하면 발효 라거의 중간 어딘가에 와 있는 듯한 모호한 혼동과 조화가 행복감을 준다.

다른 수입 맥주처럼 9,400원에 330㎖ 헤비수 6캔을 구입할 수 있는 날이 오길 바란다.

눈 축제

앞에서 얘기한 대로 삿포로는 여름 잠깐을 제외하곤 춥고 쌀쌀하다. 특히 홋카이도의 겨울은 눈이 많아 여행객은 물론 현지인들도 활동하기에 좋지 않다. 삿포로 시는 1950년부터 이런 계절적인 단점을 역이용해 '**눈 축제**'라는 이벤트를 개최하기 시작했고, 축제 시즌에 삿포로 시내 숙박료가 할증될 정도로 관광객이 많이 찾는 세계적 축제가 되었다.

오오도리 공원을 주무대로 2월 초 열흘 남짓이 축제 기간이지만, 워낙에 겨울이 긴 삿포로라 축제 기간 이후에도 시내 곳곳에서 크고 작은 눈, 얼음 조각 작품들을 볼 수 있다.

07

Niagara falls, Toronto & Canada

'세계 3대 폭포'라는 어찌 보면 처음 그런 이름을 명명한 사람의 주관이 심하게 반영된 세 개의 폭포가 있다. 그중 가장 많은 관광객이 찾는 곳이 캐나다 온타리오(Ontario) 주와 미국 뉴욕(New York) 주 경계에 위치한 나이아가라 폭포(Niagara Falls)이다. 1980년대까지만 해도 이곳은 미국인들이 신혼여행을 가는 — 우리의 제주도와 같은 — 곳이었나 보다. 영화 <슈퍼맨 2(Superman 2, 1980)>에서 클라크와 로이스가 부부로 위장하고 신혼 여행지의 바가지 요금을 취재하러 와서, 로이스가 클라크를 슈퍼맨으로 의심하고, — 클라크가 뿔테 안경만 벗으면 슈퍼맨이 되고, 193㎝의 키가 흔한 키가 아님에도 — 어렵게(?) 알아차리는 곳이 바로 이곳이다. 영화 속에서는 슈퍼맨 클라크가 자신을 구해 줄 것을 예상하고 로이스가 폭포수로 뛰어 내리는 장면이 나오는데 영화 밖 실제 세계에서는 폭포로 다이빙해서 살아남기도 힘들다. 더군다나, 천우신조(天佑神助)로 살아남아도 엄청난 벌금을 내야 한다. 또한, 국경에 위치하다 보니 두 나라를 잇는 레인보우 브리지(Rainbow bridge)는 영화에서 범죄자들의 탈출구로 등장하기도 한다.

레인보우 브리지 저쪽은 미국이다.

이과수(Cataratas do Iguaçu), 빅토리아 폭포(Victoria Falls) 등과 비교하면, 폭포 규모 자체는 작다. 이과수를 찾은 한 미국 대통령이 '나이아가라가 부끄럽다'고 할 정도였으니 규모 면에서 차이가 꽤 크다. 그럼에도 이 작은(?) 나이아가라만의 장점도 있다. 야생 속에 있는 다른 유명 폭포들에 비해 접근성이 좋고, 열대 기후에 속하지 않아 사계절의 풍경을 모두 연출한다. 무엇보다, 다른 두 대형 폭포와 비교할 때, 수량만큼은 최고이다. 이 정도의 수량을 자랑하는 폭포가 얼어붙을 수도 있다는 뉴스가 나오는 걸 보면 최근 나이아가라의 겨울이 정말 춥긴 춥나 보다.

겨울 나이아가라

앞에서 기술한 대로, 나이아가라 폭포의 가장 큰 장점은 '접근성'이다. 폭포 옆으로 차도가 놓여 있어 버스터미널에서 택시로 접근이 가능하며, 실내에서 폭포를 조망할 수 있는 식당, 호텔 등이 즐비하다. 접근성이 좋기 때문에 찾는 관광객이 많고 당연히 물가가 비싸다. 다행스럽게도 필자가 방문했던 너무도 추웠던 겨울은 공실이 많아서였던지, 매우 저렴한 가격으로 폭포를 완벽히 조망할 수 있는 4인실 방을 구할 수 있었다. 폭포수를 맞으며 즐기는 스포츠를 체험할 수는 없지만, 가성비 측면에서는 **겨울 나이아가라**도 훌륭한 선택이 될 수 있다. 비수기에는 주변 상점, 식당들도 문을 닫는 경우가 있으니, 어느 정도 준비를 해서 올 필요가 있다.

겨울 밤에도 인공 조명이 비추는 폭포를 볼 수 있다.

필자가 방문했던 그 겨울은 추위도 추위지만 엄청난 눈폭풍이 미국과 캐나다 북동부를 강타해 도로 곳곳이 마비되고, 교통편이 취소 또는 연기되던 때였다. TV 뉴스 채널에서도 며칠 내내 '블리자드(blizzard)' 관련 속보만 쏟아지던 그런 험한 겨울날, 따뜻한 호텔방에 앉아 창문을 통해 폭포를 바라볼 수 있어 행복했다.

싱거운 토론토

인구로나, 경제 규모로나 캐나다 최대의 도시는 토론토(Toronto)이다. 한국에서도 수도권, 특히 서울 집중 현상이 심각하지만, 캐나다의 면적이 한반도 면적의 50배 가까이 되는 것을 감안하면 캐나다에서 인구와 경제의 토론토 집중은 더 심각한지도 모르겠다. 반면, 여행객

입장에서는 좀 **싱거운 토론토**이다. 그저, 나이아가라에 가기 위해 들르는 곳 정도가 아닐까 한다. 그러다 보니, 도시 규모에 비해 명성은 저평가되어 있고, 그 옛날 어린 나에게 부동산 투기를 가르쳐 주었던 '부루마블'에 올라 있는 캐나다 도시는 토론토가 아닌 — 지금은 오타와 — 몬트리올이었다. 시간이 되면 들러 볼 만한 곳을 꼽으라면 아래 장소 정도가 되지 않을까 한다.

• CN Tower

553m 높이의 전파 송출탑으로 지금은 토론토의 랜드마크가 되었다. 전망대 입장료가 친화적이진 않지만, 운이 좋으면 나이아가라 폭포의 전망대인 스카일런 타워(Skylon Tower)가 보이기도 하고, 바로 옆에 있는 돔구장 로저스 센터(Rogers center)의 돔 개폐 과정을 볼 수 있다.

• Rogers Center

세계 최초의 개폐식 돔구장으로, 메이저리그 아메리칸 리그 동부지구에 소속된 유일한 캐나다 연고 팀인 토론토 블루 제이스(Toronto Blue Jays)의 홈구장이다. 한국에서 마무리 투수로 이름을 날리던 선수가 반 시즌 정도 뛴 적 있다.

• Bay Street

캐나다의 월 스트리트(Wall street)로 경제, 금융의 중심이다.

• Dundas Square

캐나다의 타임 스퀘어(Time squre)로 불리며 이튼 센터(Eaton center), 에드 머비쉬 극장(Ed Mirvish theatre) 등에 인접해 있다.

AGO

앞서 얘기한 것처럼 토론토는 싱겁다 못해 지루한 도시이다. 최근 경상북도 예천군 의회 의원들이 국민의 혈세로 외유성 연수를 가서 음주, 난동, 폭행을 비롯한 온갖 추태(醜態)를 벌였다는 뉴스가 있었는데, 그 공간적 배경이 바로 토론토였다. 국민을 받들어 모시고, 국민의 머슴이 되겠다는 그 고귀한 약속도 저버릴 수밖에 없을 만큼 토론토는 심심하고 따분했었나 보다. 이런 토론토를 방문해서 그 지루함과 심심함을 견딜 수 없을 때, 그래서 발광(發狂)할 수 박에 없을 때, 가 볼 만한 명소가 있다. 바로, **AGO**(Art Gallery of Ontario), 즉 온타리오 미술관이다.

AGO는 9만 점 이상의 예술 작품을 전시하고 있는, 온타리오 주를 넘어 캐나다를 대표하는 미술관이다. 토론토 하면 필자에게는 앞에서 기술한 여러 장소들보다 AGO가 더 기억에 남는다. 도시 규모에 비해 토론토가 저평가되어 있듯이, AGO 또한 런던, 파리 또는 뉴욕이 자랑하는 미술관들에 비해 저평가되어 있다. 이름만 들으면 누구나 알 수 있는 아티스트들의 작품들도 많이 소장하고 있을 뿐 아니라, 조금 생소할 수 있는 근현대 캐나다 미술을 가장 많이 보유한 곳이다.

캐나다답게, 미술관 내의 관람객 밀도가 낮아 조용함과 여유로움을 즐길 수 있는 편안한 공간이다. 매주 수요일은 '문화가 있는 날'이라는 이름으로 평소보다 늦게까지 개장하며, 이 날 저녁 특정 시각 이후 입장 시 입장료는 무료이다.

팀 홀튼

우리에게는 생소한 이름이지만, 캐나다에서 **팀 홀튼**(Miles Gilbert Tim Horton, 1930~1974)은 매우 유명한 이름이다. 팀 홀튼은 온타리오 출신의 아이스하키 선수로 최근에 북미 아이스하키 리그, NHL 100인의 선수로 선정되었다. 비교적 젊은 나이였던 1974년에 교통사고로 사망했고, 100인에 선정된 게 비교적 최근이라 젊은이들은 잘 알지 못할 수도 있는데 그렇지 않다. 선수 생활 중 그가 만든 체인 커피숍 '팀 홀튼(Tim Horton)'이 캐나다 전역에 자리잡고 있기 때문이다. 아마, 캐나다는 미국 커피 체인 '별다방'이 성공하지 못한 몇 안 되는 나라일 것 같다. 그리고 별다방이 채우지 못한 자리는 팀 홀튼이 굳건히 지키고 있다.

팀 홀튼 커피의 가장 큰 장점은 값이 저렴해서 부담 없이 찾을 수 있다는 점이다. 그래서인지 세련된 별다방 분위기와는 달리 약간 느슨하면서도 포근하고 소박한 동네 사랑방 분위기도 느낄 수 있다. 특히 외진 곳에 있는 점포일수록 그런 분위기가 더하다. 캐나다 어느 도시에서든 추위를 피해 어딘가로 들어가고 싶을 때, 주변에는 어김없이 팀 홀튼이 따뜻한 다방 커피와 포근한 쉼터를 저렴한 가격에 제공해 준다. 추운 겨울, 부담 없이 팀 홀튼에 들어가 다방 커피를 마시며 몸을 녹여 보면 별다방을 이긴 팀 홀튼만의 매력을 느낄 수 있다.

커피가 가격도 저렴하지만, 양도 많다.

추위를 견뎌내야 하는 캐나다인들은 커피에 설탕과 크림을 많이 넣어 먹는 편이다. 그러다 보니, 설탕이나 크림 없이 마시는 우리 취향에는 전혀 맞지 않아, — 그럴 리 없겠지만 — 혹시 팀 홀튼이 한국에 진출하더라도 성공하기는 힘들 것 같다. 옛날 다방 커피를 아무것도 안 넣고 마신다고 생각하면 된다. 고전적인 둘-둘-둘 커피를 좋아하는 이들에게는 딱일 수도 있겠다.

08
Melbourne & Australia

로드 레이버(Rodney George Laver, 1938~)라는 이름을 들어 본 독자들이 있는지 모르겠다. 1960년대가 전성기였던, 호주 출신 테니스 선수로, 아마 나이가 '꽤' 지긋한 테니스 팬이라면 알 수도 있는 이름이다. 또한, 호주 특히 멜버른 방문자라면 알고 있어야 할 이름이기도 하다.

골프와 마찬가지로 테니스에도 4개의 메이저 대회가 있다. 이름하여, 오스트레일리안 오픈(Austrailian Open, 호주 오픈, 1월 중순~), 프렌치 오픈(French Open, 5월 말~), 윔블던(Wimbledon, 6월 말~) 그리고 유에스 오픈(US Open, 8월 말~)이 그것이다. 당연히 이 대회들은 상금도 많고, 언론의 관심도 많으며, 그러다 보니 챔피언 타이틀을 거머쥐기도 힘들다. 평생 동안 메이저 대회 우승은커녕 본선 진출도 못 해 본 채, 선수생활을 마감하는 경우가 대부분이다. 이렇게 경쟁이 치열한, 네 개의 메이저 대회에서 모두 우승할 때, 골프에서와 같이 '그랜드 슬램(grand slam)'을 달성했다고 한다.

현재 현역으로 뛰고 있는 로저 페더러(Roger Federer), 라파엘 나달

(Rafael Nadal), 노박 조코비치(Novak Djokovic) 등이 4개 대회 우승 경력이 있으나, 한 시즌에 이룬 그랜드 슬램이 아닌, 커리어 그랜드 슬램(career grand slam)이었다. 역사적으로 한 시즌 즉, 일 년에 네 개 대회를 모두 우승한 선수는 1938년 미국의 돈 버지(Don Budge)가 최초이며, 다음은 1962년 로드 레이버, 그리고 1969년 다시 로드 레이버였으며, 1969년이 마지막이었다. 다시 말해, 로드 레이버는 시즌 그랜드 슬램을 두 번 달성한 유일한 선수이자, 마지막으로 이 위업을 이룬 선수이다. 당연히 지금까지도 호주의 스포츠 영웅 중 한 명이고 호주인들의 자랑이다. 최근에는 호주 오픈 테니스 대회도 안방에서 생중계를 볼 수 있는데, 매년 1, 2월 호주 오픈 대회의 중계 방송을 보면 적어도 한 번쯤은 할아버지가 된 로드 레이버가 관중들의 기립 박수를 받으며 VIP석으로 입장하는 모습을 볼 수 있다.

호주는 남반구에 위치하다 보니, 호주의 여름은 우리의 겨울에 해당하며, 이 기간에는 — 필자가 좋아하는 — 야구와 축구 경기가 없다. 즐겨 보는 스포츠 경기가 없는 겨울에 열리는 대회여서인지, 네 개의 테니스 메이저 대회 중 유독 호주 오픈에 집중하게 된다. 특히, 최근에 한 한국 선수가 꽤 좋은 성적을 거두어 더더욱 관심이 가는 대회이기도 하다.

멜버른은 시드니에 이어 호주 제2의 도시로, 빅토리아(Victoria) 주의 주도이다. 호주가 그렇지만 영국 식민지로 개발되고 또 영국 전통을 지키려는 그들의 노력 덕분에 도시는 영국 느낌이 물씬하여, 남반구의 런던이라고 불리기도 한다. 또한, 남북의 차이만 있을 뿐 우리나라와 위도가 비슷해서 기후 조건도 우리에게 익숙하며, 한국인 이민자와 유학생들을 흔히 볼 수 있는 편안한 도시이다.

로드 레이버

멜버른은 호주만이 아닌 세계적으로도 스포츠 중심지로 인정받는다. 한, 미, 일에서는 야구, 축구, 농구와 배구 등의 스포츠가 인기이고 프로 리그가 발달되어 있지만, 호주는 영국 스타일을 따른다. 축구, 럭비, 테니스, 크리켓, 호식축구(Australian rules football), 경마 등이 발달해 있고 멜버른은 이런 스포츠의 중심지 역할을 한다. 다음에 기술하는 몇몇 스포츠 랜드마크들 외에도 멜버른에는 가볍게 공놀이 정도를 할 수 있는 녹지대가 많아 가족 단위로 운동을 즐길 수 있는 곳이 많다. 세계에서 가장 살기 좋은 도시를 꼽으면 멜버른이 언제나 상위권에 이름을 올리는 이유가 있다.

• Melbourne Cricket Ground

2000년에 시드니에서 하계 올림픽이 열렸다. 늘 북반구 도시에서만 열리던 올림픽이 남반구에서 열리게 되면서 북반구 입장에서는 하계 올림픽이지만 남반구에게는 동계 올림픽이 된다. 이렇게 계절차를 생각하게 되는 남반구 올림픽이 최초로 열린 곳은 1956년 멜버른이었고 당시 메인 스타디움이 멜버른 크리켓 그라운드였다. 이름 그대로 크리켓 구장이지만 전용 경기장은 아니라, 월드컵 지역 예선 등에서 축구 경기가 열리기도 한다.

• Docklands Stadium

스폰서가 바뀌면서 이전에는 에티하드 스타디움(Etihad Stadium), 지금은 마블 스타디움(Marvel Stadium)이 되었다. 럭비와 축구 때로는 공연 목적으로 사용되며, 멜버른의 중심역인 서던 크로스 스테이션(Southern Cross Station)과 센트럴 피어(Central Pier)에 인접해 있다.

• Albert Park

오스트레일리안 그랑프리스(Australian Grand Prix)가 열리는 곳이다. 그저 호수가 있는 평범한 공원 정도로 보이는데, 그 호수 둘레 약 5㎞ 정도의 멜버른 그랑프리 서킷(Melbourne Grand Prix Circuit)을 따라 호주 그랑프리가 열린다. 필자가 묵었던 호텔 바로 앞이었는데, 당시는 그저 공원이었다.

• Melbourne Rectangular Stadium(AAMI Park)

럭비와 축구 구장으로 쓰이며, 2015년 AFC 아시안컵이 열린 5곳 중 하나이다. 당시 우리 팀은 우즈베키스탄과의 8강전을 이곳에서 치르고(2:0 승) 4강을 넘어 결승에 진출했으나 홈팀 호주에게 져 준우승했다.

· Rod Laver Arena

앞에서 기술한 세계 테니스 메이저 대회 중 하나인 호주 오픈 결승전이 열리는 멜버른 파크의 메인 스타디움이다. 1월 말에 시작하는 대회가 메이저 이벤트이고 이후에는 기념품숍 외에는 한가하다. 경기장 이름은 당연히 **로드 레이버**와 기금을 낸 아레나사(Arena 社)를 기리기 위하여 명명되었다.

경기장 관련 질문을 할 때, '로드 레이버' 대신 발음 편한 '아레나 스타디움'으로 물어보면, 멜버른 시민들은 하나같이 딱딱한 영국식 발음으로 '로드 레이버'라고 대답한다. 약간, 고집스럽고 완고하면서 자기 것에 대한 자부심을 갖는 호주인들의 의식을 엿볼 수 있다.

트램

멜버른은 전 세계를 통틀어 가장 **트램**(tram) 대중교통이 발달한 도시가 아닐까 싶다. 대부분의 도시들에서 레일은 이미 지하로 내려간 지 오래지만, 멜버른에서는 지상 트램이 여전하다. 지상 전차는 차량 운행에 방해가 되어 보통 한두 노선만 운영하는 도시들이 많은데 멜버른은 아직도 20개가 넘는 노선이 있다. 사실상 주교통수단이다.

멜버른의 트램은 호주 출신의 화가 파우널(George Hyde Pownall, 1876~1932)의 작품 <Collins Street>에도 등장할 만큼 역사가 깊다. 보통의 멜버른 트램은 줄을 당겨 하차 의사를 표현하고, 승하차 시 노란색 패널에 마이키(Myki) 카드를 접촉해야 한다.

프리 트램 존(Free Tram Zone)이라는 시내 중심부 일정 구역을 제외하면 마이키(Myki)라는 대중교통 카드를 사서 승하차 시 지정된 판넬에 접촉해야 한다. 따로 감시하는 사람은 없지만, 불시에 올라타서 무임승차를 체크하는 요원들에게 걸리면 엄청 낭패를 볼 수 있다.

12사도

사실, 멜버른을 방문하는 여행자의 거의 모두는 '그레이트 오션 로드(Great Ocean Road)' 투어를 목적으로 온다. 멜버른 시내에서 상당히 떨어져 있어, 당일 투어의 경우 아침 8시경 출발하여 다시 돌아올 때까지 대략 12시간 정도 소요되는, 좀 힘든 일정이다.

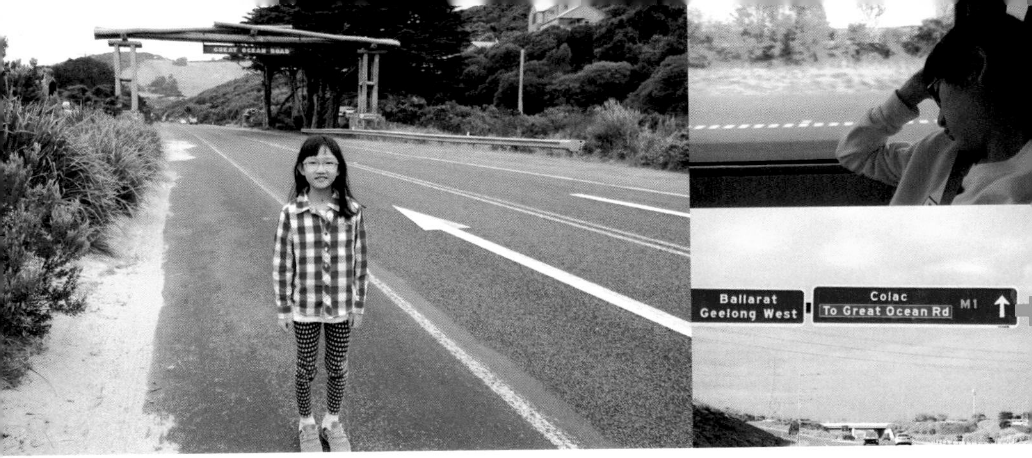

그레이트 오션 로드 사업은 1차 세계 대전 이후 퇴역 군인들에게 '일자리 제공' 목적의 토목 공사의 일환으로 진행되었다. 토키(Torquay)부터 알랜스포드(Allansford)까지 총 길이는 243㎞에 달한다. 관광, 물류 목적으로 빅토리아 주 남부 해안에 자동차 도로를 만들었는데, 대부분이 관광객들은 이 길을 따라 로크 아드 고지(Loch Ard Gorge), 12사도(12 Apostles) 등이 있는 포트 캠벨(Port Campbell) 국립공원으로 간다. 길 자체는 사실 그리 매력이 없다. 직접적인 비교는 어렵겠지만, 제주 해안 도로보다 나을 것도 없었던 것 같다. 단지 국립 공원까지 먼 길을 가는 동안 중간중간 먹고 쉬며 지루함을 달랠 수 있는 아기자기한 마을들을 들를 수 있다는 장점은 있다. 영화 〈폭풍 속으로〉(원제목 Point Break, 1991)에서 키아누 리브스(Keanu Reeves)가 패트릭 스웨이지(Patrick Swayze)를 폭풍 속으로 보내 주는 벨스 비치(Bells beach)를 비롯해, 앵글시(Anglesea), 론(Lorne), 케닛 리버(Kennet river), 아폴로 베이(Apollo bay) 등 여유가 되면 들러 쉴 수 있는 휴양지들이 적당한 간격을 두고 늘어서 있다.

보통 여행자들의 최종 목적지인 **12사도**(使徒) 포트 캠벨 국립 공원(Twelve Apostles Marine & Port Campbell National Park)은 먼 길을 달려와서라도 볼 만한 충분한 가치가 있다. 언젠가 호주 방문을 꿈꾸는 분들에게는 인생의 버킷리스트 중 하나로 넣어 두어도 되겠다. 절벽 위 전망대에 올라서면, 언젠가 과학 교과서에서 보고 들었던 해식(海蝕), 파식(波蝕)에 의해 만들어진 해안과 절벽을 생생히 볼 수 있다.

삼성 다니는 남편과
까칠한 애 둘 데리고

12사도를 포함한 몇 구조물들을 지금도 꾸준히 침식이 진행 중이어서 어느 날 붕괴되어도 이상할 게 없다. 가장 최근의 붕괴 사고는 1990년 1월 15일에 있었다. 당시까지 런던 브리지(London Bridge)라 불리던 자연 구조물이 무너진 것이다. 다행히도 당시 브리지 위에는 아무도 없어 다친 사람은 없었으나 브리지 붕괴로 만들어진 섬에 켈리 해리슨(Kelli Harrison)과 데이비드 달링턴(David Darrington)이라는 두 남녀가 고립되었다. 곧 헬리콥터가 출동하여 둘은 구조가 되었으나, 그 커플에 대한 스토리는 불륜설이 추가된 전설(?)이 되어 아직까지 남아 있다. 현재는 런던 아치(London Arch)라는 이름으로 불린다.

빅토리아

멜버른은 **빅토리아** 주에 속한다. '해가 지지 않는 나라'로 불리던 대영제국의 최전성기에 제위했던 빅토리아 여왕(Queen Alexandrina Victoria, 1819~1901)은 세계 여기 저기에 자신의 이름을 뿌려 놓았는데, 호주 빅토리아 주도 그중 하나이다. 그 밖에도 멜버른에는 수많은 빅토리아가 있다.

- **Queen Victoria market**

  멜버른, 호주만이 아닌 남반구 최대의 시장이라고 한다. 현지인들은 식료품 구입을 하러 오는데, 물가 수준이 높은 편이다. 가성비 높은 기념품 구입 목적으로 방문하면 좋다.

· State library of Victoria

1854년 건립된 시립 도서관이다. 고풍스러운 외관을 배경으로 시민들은 앞마당 잔디에 앉아 일광욕을 즐기곤 한다. 장서만이 아닌 예술품들도 소장, 전시하고 있어 미술관 느낌도 난다. 아름답게 방사형으로 뻗은 열람실에서는 독서는 물론, 간단 게임이나 체스 등을 즐길 수 있다. 필자의 경우, 이 도서관을 보고 난 후, '멜버른이 정말 수준 높은 도시구나' 하는 감탄을 했다.

취업 준비생들로 열람실이 꽉 차는 우리 도서관과는 많이 다르다.

· National gallery of Victoria

호주에서 가장 오래된 미술관으로, 멜버른을 넘어 호주를 대표한다. 6만 점 이상의 작품을 전시하고 있으며, 호주 미술만이 아닌, 유럽 유명 화가의 작품들도 꽤 많이 소장하고 있다. 야라(Yara)강 변에 위치하여, 산책 중간에 들러 쉬기 좋다.

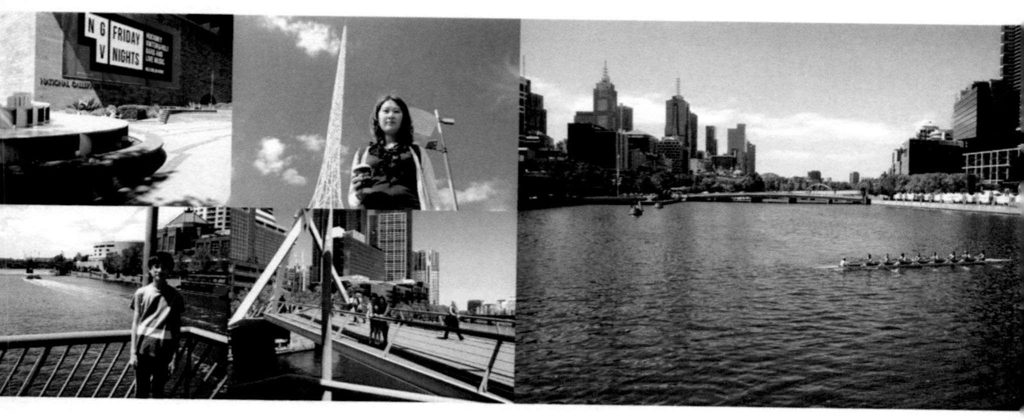

Down Under

좀 오래되고 우리에게 잘 알려지지 않은 노래인데, 발매 당시 미국 빌보드 차트는 물론 유럽 차트에서도 상위에 랭크되었던, 「다운 언더(**Down Under**)」라는, 호주 록밴드 '멘 앳 워크(Men at Work)'의 곡이 있다. 2000년 시드니 올림픽 폐막식에서 연주되기도 한 이 곡은 호주인들에겐 제2의 국가로 불리기도 한다. 노래 제목과 가사에 등장하는, Down Under 또는 A Land Down Under는 북반구를 '위'에 있다고 착각하는 북반구인들이 만든 호주의 — 때로는 뉴질랜드를 포함하여 — 또 하나의 이름이다.

위아래가 따로 없는 우주에 점으로 놓여 있는 지구 역시 어디가 위고 어디가 아래라고 말할 수 없다. 굳이 기준을 정하자면 지구의 자전축을 기준으로 위도는 정할 수 있고, 당시 패권 국가였던 영국의 수도를 중심으로 경도가 정해질 뿐이다. 해양 대비 대륙의 비율이 북반구가 높고, 당연히 북반구에 많은 인구가 모여 살며, 우리는 북반구 중심의 세계 지도를 보며 산다. 그러다 보니, 호주나 뉴질랜드를 '아래'에 있다고 생각하고, 호주인이나 뉴질랜드인들을 '아랫것들'로 착각하기도 한다.

혹시, 세계 지도를 거꾸로 본 적이 있는가. 필자는 침실 방문을 열고 나오면 바로 마주볼 수 있는 위치에 멜버른의 한 기념품점에서 사온 'Upside Down World Map'을 붙여 두고 아침 저녁으로 이를 바라본다. 단순히 위가 아래로 아래가 위로 간 것뿐인데, 참으로 많은 것들이 다르게 보인다. 그동안 있었는지도 몰랐던 남극 대륙이 하얀 천장을 만들어 지구를 감싸 주고 있고, 유럽은 — 특히 영국은 — 어디 박혀 있는지도 모르는 위치로 옮겨져 존재감이 사라져 버린다. 바다가 훨씬 넓게 보여 지표면의 삼 분의 이는 바다라는 사실을 새삼 깨닫게 되고, 커다란 대륙의 끝자락에 볼품없이 붙어 있던 한반도는 그 드넓은 바다를 향해 뻗어 나가는 첨단에 자리잡고 있음을 알 수 있다. 그리고 다운 언더였던 호주 대륙은 전보다 훨씬 크고 높아 보인다.

혹시라도, 무언가 새로운 아이디어가 필요할 때, 스스로가 매너리즘에 빠져 있다고 생각할 때, 이것 저것 다 해 봐도 도무지 해결책이 없을 때, 아무 이유 없이 그냥 세상이 싫을 때… 영업 3팀 앞 복도에 붙어 있던 세계 지도를 거꾸로 보며 판을 흔들어 볼 아이디어를 얻었던 장그래를 한 번 따라 해 보는 것은 어떨까.

코알라

코알라(Koala)는 원주민어로 '물이 없다'라는 뜻이라고 한다. 그도 그럴 것이 코알라는 거의 물을 먹지 않고 나뭇잎, 그것도 유칼립투스(eucalyptus) 잎만 먹으며 산다. 호주에는 600여 종이 넘는 유칼립투스가 있다고 하는데, 코알라는 그중 30여 종의 유칼립투스만 먹고 산다. 유칼립투스에는 유익한 영양소는 많지 않고 오히려 항균, 항바이러스성 독성 물질을 포함하고 있어 코알라에게도 좋은 식재료는 아니다. 이유는 모르겠으나, 코알라는 그런 영양가 없는 독성 잎사귀만 먹고 하루 20시간 — 평균 수명이 10여 년인데 그중 8년 반 가까이 — 잠을 잔다. 동물원에 있는 코알라도 하루 한두 시간만 — 관광객들 품에 안겨 같이 사진 찍는 — '일'을 하고 휴식시간과 20시간 이상의 수면 시간을 — 동물 보호에 관한 법률로 — 보장받는다.

하루 종일 나무에 매달려 잠만 자다 보면 번식 확률은 떨어지고, 먹이 사슬 상위에 있는 육식 맹수들에 쉽게 포식되어 호주의 코알라는 멸종되었어야 정상일 텐데 그렇지 않은 것도 의아하다. 이에 대한 설명으로 최근 주목받는 이스라엘 인류역사학자의 말을 빌리자면, 45,000여 년 전 호주에 발을 디딘 인류가 화전법(火田法)을 통해 농경지를 확보화는 과정에서, 다른 나무들이 불타 사라지는 동안 화재에 특히 강한 유칼립투스 나무가 멀리 퍼질 수 있었다고 한다. 다른 동물들은 독성의 유칼립투스를 피하겠지만 코알라에게는 이것이 좋은 숙식 제공처이다. 덕분에 호주는 유칼립투스만 먹고도 살 수 있는 잠꾸러기 코알라들의 세상이 된 것이다. 하루 종일 열심히 일해서 겨우 먹고사는 우리의 삶과 비교하면 — 호주인들의 일상도 우리와 비교하면 상당히 코알라스럽다(?) — 정말 기가 찰 노릇이다. 어찌 보면 호주 대륙을 넘어 지구의 주인이자 지배자는 코알라일 수도 있겠다.

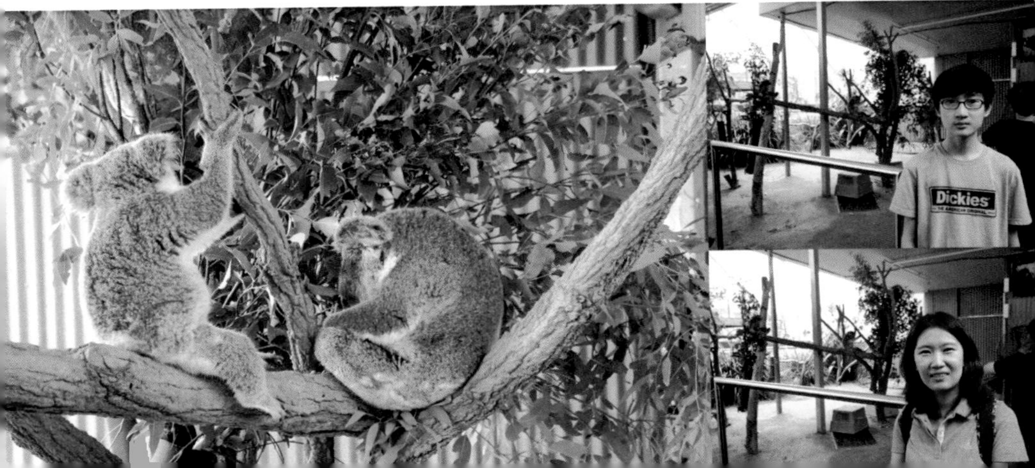

09

Santiago & Chile

칠레의 영화 감독, 엘비오 소토(Helvio Soto, 1930~2001)의 1975년 작(作) 〈산티아고에 비가 내린다(Il pleut sur Santiago)〉를 아는가?

사실 칠레 영화만이 아닌, 칠레라는 나라 그리고 칠레의 수도 산티아고는 우리에게 낯선 곳이긴 하다. 남미 도시들이 다 그렇지만, 한국에서 출발하는 직항이 없다 보니 북중미나 유럽을 경유해야 하는데, 환승 대기 시간을 제외하고 순수 비행시간만 24시간이 넘는, 정말 먼 곳이다. 경도와 위도 모두 거의 정반대라, 우리나라 여행객들은 시차는 물론 계절차도 극복해야 하고, 생각보다 의사소통이 힘들어 스페인어를 배워보지 않은 이들은 언어차도 극복해야 한다. 이렇게 교집합이라고는 전혀 없을 것 같은 지구 정반대편의 나라 칠레와 우리 사이에도 연결 고리가 있으니, 그것이 바로 1973년 피노체트(Augusto José Ramón Pinochet Ugarte, 1915~2006) 군사 쿠데타이다.

미국 CIA의 직간접적인 지원을 받은 것으로 의심되는 피노체트와 그의 군부 세력은 1970년 집권한 아옌데 대통령(Salvador Guillermo Allende Gossens, 1908~1973) 정권하에서 군부 쿠데타를 일으킨다. 한국에서의 쿠데타와 마찬가지로, 아옌데 정권은 군권을 장악한 피노체트 세력에게 힘 한번 제대로 써 보지 못하고 무너진다. 쿠데타 세력에게 포위당해 대통령 궁에 고립된 아옌데는 군부 세력에게 접수되지 않은 라디오 방송 채널을 통해 마지막 연설을 하고, 1973년 9월 11일 장렬하게 생을 마감한다. 피노체트 세력은 아옌데 대통령 사망 이후 수개월 동안 수천 명을 처형한 후, 독재 정치를 시작하였고, 1990년까지 칠레는 군부 독재하에 암흑의 시절을 보내게 된다. 정확한 통계조차 없지만, 17년 동안의 독재 기간 중, 10만 명이 넘는 사람이 연행되었고 수만 명이 불법구금, 고문, 살해, 실종되었다.

1973년, 당시 피노체트 쿠데타를 보도했던 외신들

그 칠레의 독재자 피노체트가 벤치마킹했던 쿠데타가 바로 지구 반대편 한국의 1961년 5월 16일 쿠데타였다고 한다. 한국과 칠레, 두 쿠데타 세력 모두 민중의 힘으로 수립된 민주 정부 초기의 어수선함을 틈타 이를 무력으로 전복하여 정권을 잡았고, 민주주의를 표방했으나 실상은 철저한 반(反)민주였고, 시장경제를 외쳤으나, 극좌(極左) 수준의 관치(官治) 통제경제였으며, 자유를 말하며 반대 세력의 말할 자유마저 억압하는 공안(公安) 통치로 그들의 독재정권을 유지했다. 그리고, 그 긴 세월 동안 세뇌당한 국민들은 그 독재자들을 지지 또는 증오하는 그룹으로 갈려 아직 좌우(左右) 구분도 못 하고 있다. 후배 피노체트는 일면식(一面識)도 없었던 한국의 쿠데타 선배를 평생 존경했었고, 1979년 10월 존경하는 선배의 뜻밖의 죽음을 슬퍼하여 칠레 전역에 조기(弔旗)를 게양하게 하려고 했다고 하니 웃픈 일이 아닐 수 없다.

독재를 유지하기 위해 자행되었던 인권 탄압과 개발도상국 독재여서 가능했던 경제 성장, 길고 짙은 암흑을 촛불로 밝히려 피 흘렸던 지식인들과 양지(陽地)만 밟으며 득세(得勢)한 기회주의자들, 아직도 울부짖는 독재의 피해자들과 여전히 호의호식(好衣好食) 중인 가해자들, 그리고 뚜렷이 갈리는 독재자에 대한 호불호(好不好) 여론 등, 태평양이라는 거대한 거울을 통해 칠레를 들여다보면, 그 거울 속에는 우리의 모습이 있다. 다른 점이 있다면, 2006년 피노체트 사후, 그의 딸 루치아 피노체트(Inés Lucía Pinochet Hiriart)가 그 지지자들을 이끌고 정치를 하려 했으나, 탈세 혐의로 국회의원 출마에 실패한 것인데, 우리나라의 경우와 비교할 때 그나마 다행이라 하겠다.

칠레의 수도 산티아고… 필자에게는 즐겁고 편안한 시간을 보냈던, 아름다운 추억이 많은 도시이다. 그러나, 그 추억에 그들의 핏빛 과거와 가슴 아픈 역사가 오버랩되다 보니, 밝고 환한 느낌보다는 오히려 어두운 회색빛 느낌으로 가슴에 남는, 마치 당시를 살다 간 네루다(Pablo Neruda, 1904~1973)의 시집에서 느껴지는 묵직한 우울함을 간직한 슬픈 도시이다.

Santiago de Chile

스페인어권의 도시명이나 지명은 대부분 유래가 있다. 산티아고의 유래는 예수의 12제자 중 하나인 야고보의 스페인어 표기, Iago이다. 성인을 나타내는 Santo가 붙으면서 Santiago가 되었다.

스페인어가 영어 이상으로 널리 쓰이다 보니 세계 곳곳에 산티아고가 있다. 순교한 야고보가 묻혀 있다는 스페인의 산티아고 데 콤포스텔라(Santiago de Compostela)는 천주교의 성지로 추앙받고 있고, 이곳에 이르는 엘 카미노 데 산티아고(El Camino de Santiago)를 따라 천주교도들도, 타 종교 여행자들도, god(?)도 같이 걷는다. 아르헨티나, 쿠바, 파나마, 도미니카 공화국에도 산티아고가 있고, 스페인의 식민지였던 필리핀, 그리고 미국 캘리포니아에도 — 조금 다르지만 — Sandiego가 있다. 그러다 보니, 칠레의 산티아고는 그냥 산티아고가 아닌 산티아고 데 칠레(**Santiago de Chile**)로 불린다.

산티아고에 비가 내린다

앞에서 얘기한 대로 영화 제목이다. 영화의 배경은 1973년 피노체트 쿠데타이고, 당시 군부 세력이 작전 개시에 썼던 암호가 바로 '**산티아고에 비가 내린다**'였다. 전국으로 방송되는 라디오에서 뜬금없이 '산티아고에 비가 내린다'라는 아나운서 멘트가 계속 흘러나왔고, 이 의아한 '비 예보'가 쿠데타 세력 간의 작전 개시 암호라는 것을 알게 되기까지는 그리 긴 시간이 필요하지 않았다. 이후 칠레의 역사는 앞에서 기술한 대로이다.

최근에 기후 이상으로 산티아고에 폭설이 왔다는 뉴스를 들으며 놀라긴 했는데, 사실 산티아고에는 1년 내내 비가 내리지 않는다. 언제나 해가 쨍쨍하며, 그러다 보니 가끔씩 비가 내려 씻겨 가야 할 먼지나 매연이 그득하여 공기도 그리 좋지 않다. 다행히, 비가 내리지 않는 건조한 자연 환경에서도, 마르지 않는 안데스 계곡이 꾸준히 용수를 공급해 준다. 덕분에, 산티아고는 물론 칠레 전역에 물 부족 사태는 생기지 않는다. 이런 이변 없는 일정한 기후 조건으로, 무리한 준설이나 보 설치 없이도, 칠레는 농업 강국이 될 수 있었다.

맑고 건조한 여름에도 산티아고 시내를 관통하는 마포초강(Río Mapocho)에는 안데스에서 내려온 물이 일정한 수위를 유지하며 흘러간다.

실개천 수준의 강이다.

칠레 와인

프랑스 와인을 고를 때에는 와인 메이커만이 아닌 생산연도(vintage)까지 확인해야 한다. 전년도, 당해년도의 강수량, 일조량 등 기후 조건에 따른 포도의 품질이 천차만별이라, 그에 따른 와인의 퀄리티 역시 크게 달라지기 때문이다. 사실 좀 피곤한 일이다.

반면, **칠레 와인**은 그럴 필요가 없다. 내게 맞는 와인을 찾으면, 생산 연도 등은 — 전혀 아니진 않겠지만 — 볼 필요 없이 그 메이커의 와인을 사서 마시면 된다. 칠레 기후의 항상성이 연도에 관계없이 와인 품질을 거의 일정하게 유지시켜 주기 때문이다. 이런 이유로 칠레 와인을 선호하는데, 가성비 또한 유럽 와인 대비 월등히 높다. 우리나라에서도 합리적인 가격으로 훌륭한 와인을 고를 수 있지만, 칠레 현지에서는 우리나라 대형 마켓 판매 가격의 1/2, 심하면 1/4 수준으로 구매가 가능하다.

유럽, 특히 프랑스 보르도 와인 메이커들은 스스로를 와인의 본고장, 본산으로 자부하며 신대륙 와인을 무시하는 경향이 있는데, 이는 역사적으로 옳지 않다. 19세기에 유럽에 퍼진 필록세라(phylloxera vastrix)라는 진딧물과 유사한 해충은 유럽 포도나무를 거의 전멸시켰다. 필록세라의 근원지인 미국 포도나무는 필록세라에 대한 면역력이 있었고, 이를 알게 된 유럽 와인 메이커들은 미국산 포도나무를 가져와 유럽 포도나무를 접붙이는 방식으로 이 위기를 극복한다. 결과적으로, 현재 유럽 와인의 대부분은 족보를 따져보면 신대륙이 고향인 것이다.

환율을 1CLP=1.7KRW 정도로 환산하면, 국내에도 수입되는 칠레 와인들은 가격 비교가 가능하다.

필록세라가 유럽에 창궐하기 전에 유럽으로부터 묘목을 수입한 칠레에는 필록세라가 발병하지 않았다. 동으로 안데스, 서로 태평양, 북으로는 아타카마 사막, 남으로는 남극권으로 둘러싸여 외부 병충해로부터 완벽히 고립되어 있는 것이 그 이유라고 추측하곤 한다. 현재도 칠레는 입국 시 외부 동식물의 반입을 철저히 감시, 금지하고 있다. 긴 세월을 이어 내려오며 역사와 전통을 자랑하는 프랑스 보르도 와인은 19세기 중반 유럽을 강타한 필록세라로 인해 프랑스 현지에서는 씨가 말랐다. 대신, — 프랑스인들은 인정하기 싫겠지만 — 그 정통성은 칠레 와인이 이어가고 있다.

참고로, 레드 와인과 화이트 와인은 스페인어로 각각 vino tinto, vino blanco이다. 남미가 그렇지만 칠레에서도 영어가 안 통해서, '와인'이라는 말도 못 알아듣는 경우가 있으니 기억해 두는 게 좋다.

산타 루치아 언덕

산티아고는 칠레 최대의 도시이자, 남미에서도 규모가 상당히 큰 도시이다. 나름 번화한 대도시인 산티아고에서 시내 중심에 있는 **산타 루치아 언덕**(Cerro Santa Lucia)에 올라가면, 뜻밖의 풍경을 만날 수 있다.

공기가 안 좋기 때문에 가시거리는 길지 않지만, 도시를 감싸고 있는 해발 4,000~6,000m가 넘는 안데스 영봉들이 멀리 희미하게 보인다. 뿌연 스모그 때문에 안데스 절경을 자세히 볼 수 없지만, 안데스가 도시를 병풍처럼 감싸고 있기 때문에 스모그를 앓는 것이기도 하다. 어쨌든 자세히 집중해서 들여다보면, 만년설이 덮인 안데스의 고봉들도 볼 수 있다.

이런 풍경을 매연 가득한 도시 한복판에서 만나는 신기하고 신비로운 경험은 말과 글, 사진으로만 묘사하기는 힘들다.

아르마스 광장 & 모네다 궁

스페인이 점령했던 중남미 대부분 도시의 중심에는 **아르마스 광장**(Plaza de Armas)가 있다. 우리말로 직역을 하면 '연병장' 정도로 번역된다. 스페인 식민지 시절의 주요 건물들과 교회가 광장을 둘러싸고 있어, 대부분의 도시에서는 아르마스 광장이 관광의 중심지가 되는데, 칠레 산티아고도 그렇다.

모네다 궁(Moneda Palace)는 아르마스 광장에서 걸어서 갈 수 있는 거리에 있는 칠레 대통령 궁이다. 궁 앞은 광장으로 시민에게 개방되어 있고, 학익진으로 펼쳐진 여러 개의 국기 게양대에 칠레 국기가 펄럭이고 있다. 광장에서 궁을 마주보았을 때 왼편 구석에는 피노체트 쿠데타 당시의 대통령 아옌데의 동상이 서 있다. 남의 나라 일이지만, 정말 다행스럽게 생각하는 점은 아옌데 동상은 있어도 피노체트의 동상은 없다는 것이다. 하지만, 태평양 반대편의 우리나라에서와 마찬가지로 칠레 어딘가에서 아직 남은 피노체트의 지지자들이 그의 기념관을 만들고, 그의 동상 수립을 기획하고 있을지는 모를 일이다.

숙이네, 아씨네

대부분 여행자들은 남미 국가들이 위험하다는 편견을 갖는 것 같다. 평균적으로 소득 수준도 우리만 못하고, 도시 인프라도 열악하다 보니 이방인이 여행하기 불편하다고 생각할 수도 있다. 남미가 거리상으로도 멀지만 이런 편견 때문에 심리적, 정서적으로도 멀다.

필자의 경험에 비추어 보면, 남미에 대한 그런 편견은 '안타깝게도' 사실에 가깝다. 충분히 조심해야 할 정도로 치안 상태가 안 좋고, 도시다운 시스템을 제대로 갖추지 못해 우리나라의 눈높이에서 보면 불편한 점이 많다. 남미 관광지에 대한 여행 정보도 부족하고, 인터넷에서 교통편을 미리 예약하기도 쉽지 않다. 그러다 보니, 위험을 무릅쓰고 모험을 할 만한 용기가 없으면 남미 여행은 꿈도 못 꾸곤 한다.

이런 관점에서 볼 때, 산티아고는 남미 도시 중 한국인들이 여행하기에 가장 편안한 도시 중 하나이다. 칠레가 일인당 국민 소득

산티아고 지하철은 어린이는 무료로 이용 가능하다. 어린이인지 아닌지의 판별은 매표소 직원이 눈짐작으로 해 준다.

관점에서 남미 국가들 중 가장 잘 사는 나라이다 보니, 칠레의 수도 산티아고는 남미 도시들 중 가장 부유한 도시이다.

높이 300m의 남미 최고층 빌딩, 그란 토레 산티아고(Gran Torre Santiago)는 토발라바(Tobalaba)에 서 있고, 칠레 대학(Universidad de Chile)과 산티아고 대학(Universidad de Santiago de Chile)도 시내 중심에 지하철 몇 정거장 간격으로 있다. 국립으로 운영되는 박물관, 미술관들은 모두 무료 입장이 가능하며, 주요 관광지 주변에는 어김없이 치안 유지 경찰들이 말을 타고 대기한다.

한국인 입장에서 산티아고가 좋았던 것은 무엇보다 남미 타 도시에서는 만날 수 없었던, 귀하디귀한 '한국 음식'을 구할 수 있다는 점이다. 낯선 남미 땅, 산티아고 시내의 카예 파트로나토(Calle Patronato)에 위치한 한식당과 한국 식료품점들을 만나보면 산티아고로 이민 와도 살 만하겠구나 하는 생각을 하게 한다. 지금 생각해 봐도 매연 가득한 산티아고 시내를 헤매다 **'숙이네'**와 **'아씨네'**를 찾았을 때의 감동은 오아시스를 만난 사막 여행자의 그것과 다르지 않았다. 묵은쌀로 지은 흰밥에 오래된 조미김, 절이지도 않은 배추로 만든 어설픈 김치, 그리고 유통기한 한참 지난 팔○ 비빔면이 준 감동은 시간이 지나도 잊히지 않는다.

삼성 다니는 남편과
까칠한 애 둘 데리고

MNBA

MNBA(Museo Nacional de Bellas Artes, 칠레 국립 미술관)는 1880년에 건립된 칠레를 대표하는 미술관으로, 우리에겐 익숙하지 않은 남미 미술가들의 회화나 조각 작품을 감상할 수 있다. 스페인 식민지 시대와 이후 긴 군사 독재의 아픔을 가진 칠레여서인지, 약간 소름을 끼치게 하는 작품들도 있다.

10

Uyuni, Copacabana & Bolivia

매년 여름마다 느끼지만, 우리나라의 여름이 점점 더워지고 있다. 한여름 낮 최고 기온은 40도를 넘어가고, 밤 최저 기온도 25도를 훌쩍 넘어 에어컨의 도움 없이는 잠들 수 없다. 더운 여름이면 어김없이 사람들의 입에 오르내리는 해가 1994년이 아닐까 한다. 냉방 시설도 없이 대형 강의실에서 200명이 모여 계절 수업을 들었던, 1994년의 여름도 정말 더웠다. 그리고, 그 더웠던 여름을 생각하면 떠오르는 또 하나의 이벤트가 있다.

현재 초·중·고등학생 자녀를 둔 이들이라면, 그 더웠던 1994년 여름의 미국 월드컵을 기억할 것이다. 여느 월드컵과 마찬가지로 강 팀들과 한 조에 묶였고, 그 틈에서 어떻게 승점을 따서, 어떻게 16강에 오를지에 대해 축구팬만이 아닌 온 국민이 관심을 가졌던 그 즈음, 우리 국민 대부분이 처음으로 보고 듣게 된 나라가 있었다.

당시 월드컵은 24개 팀이 출전하여 6개조로 나뉘어 조별 리그를 해서, 각 조 1, 2위 팀이 16강의 12자리를 채우고 남은 4자리는 각 조 3위 6개 팀 중 4팀이 차지하는, 어찌 보면 조금은 '널널하게' 16강 진출을 할 수 있던 시절이었다. 그 시절 최강이었던 전 대회 우승국 독일, 1992년 올림픽 축구 우승국 스페인이 같은 조에 편성되어 '널널하지만은 않았던' 그 대회에서 만난 반가운 상대가 바로 남미의 볼리비아였다. 당시 대표팀은 첫 경기인 스페인 전에서 0:2로 뒤지다 후반 40분 이후 2골을 뽑아내며 극적으로 무승부를 이루었다. 워낙 분위기가 좋았기에, 두 번째 볼리비아 전에서 월드컵 사상 첫 승과 함께 최초 16강 진출을 할 수 있을 것으로 기대했었다. 당시 볼리비아와의 경기는 전력상 우리가 우위였고 경기 내용도 압도적이었다. 충분히 이길 수 있는 경기였으나 골 결정력 부족으로 0:0 무승부로 끝났고, 마지막 조별 리그 경기였던 독일전에서 2:3으로 석패하여 월드컵 16강 진출의 꿈은 1998년을 지나 2002년까지 미루어졌다.

아쉬움이 남았던 바로 그 '볼리비아'와의 조별 예선 두 번째 경기를 기억하는지 모르겠다. 필자가 만난 우리 또래의 몇몇 볼리비아인들 또한 그 월드컵을 통해 우리나라를 알게 되었다고 한다. 하여튼, 우리는 그 더웠던 1994년 여름, 그렇게 볼리비아를 처음 알게 되었고, 그로부터 20여 년이 넘게 지나, 애 둘을 데리고 그곳을 찾았다.

구아노와 리튬

볼리비아는 칠레, 아르헨티나, 페루, 파라과이 그리고 브라질에 둘러싸여 바다로의 통로가 막힌 남미의 내륙국이다. 앞에서 얘기한 오스트리아, 스위스 등 유럽 내륙국들은 예외이지만, 바다라는 자원의 보고(寶庫)를 갖지 못한 내륙국의 대부분은 빈국(貧國)인 경우가 많다. 볼리비아 역시 남미 최빈국의 — 2018년 추산 1인당 GDP ~3,500USD — 불명예를 지니고 있다. 사실, 19세기 초까지만 해도 볼리비아의 사정이 그리 나쁜 것만은 아니었다. 현재의 칠레 북부, 아타카마(Atacama) 사막 일부는 볼리비아의 영토였으며, 이는 안데스 고원의 볼리비아 본토와 태평양을 연결해 주었다. 당시 볼리비아에 **구아노**(guano: 건조한 해안 지방에서 조류의 배설물이 응고된 것으로 인산질 비료로 사용)라는 막대한 광물자원이 있었으나, 볼리비아는 기술력 부족 등으로 이를 제대로 채굴, 활용하지 못했다. 칠레 등 주변국들은 볼리비아 정부와 협상을 통해 채굴권을 확보하였고, 볼리비아 정부에 비용을 지불하고 광물을 캐내어 갔다. 이후, 칠레에게 채굴권을 헐값에 넘겼다고 판단한 볼리비아가 광물 채굴에 대한 사용료를 올리자, 당시 군사적으로 우위에 있었던 칠레가 전쟁을 일으켰다(1879~1883). 이 전쟁에서 패배한 볼리비아는 태평양으로 통하는 아타카마 사막 일부를 칠레에 빼앗기며 내륙국으로 전락하고 만다. 이후 지금까지 볼리비아는 칠레를 원수로 여기며 바다로 통하는 길을 되찾아올 날을 기다리고 있다. 해발 4,000m가 넘는 볼리비아 안데스 고원 지대에 당시 광물 채굴 목적으로 부설된 철로와, 멈춰버린 녹슨 기차들이 남아 있다.

최근 친환경 전기 자동차가 주목받으면서, 차량용 충전지의 주원료인 **리튬**에 대한 관심이 높아졌다. 볼리비아에 전 세계 리튬의 절반 이상이 매장되어 있는 것으로 알려지면서, 세계 각국의 리튬 채굴권 확보를 위한 경쟁이 치열하게 전개되었고, 지금도 진행 중이다. '자원 외교'가 한창인 시절, 우리나라도 상당한 노력을 했다. 대통령의 친형이 볼리비아 현지까지 수차례 방문하여 대통령 동생을 대신해 자원 외교를 펼쳤고, 곧 리튬 대박이 날 것이라는 발표까지 했었다. 그러나, 만사'형'통(萬事'兄'通)은 국제적으로는 통하지 않는 — 국내에서도 딱 5년만 통했던 — 근거 없는 불문율일 뿐이었다.

힘들게 고생해서 얻은 경험은 값지고 소중하다는데, 정말 힘들고 고생한 여행지였는지, 필자는 유독 볼리비아에 정이 간다. 19세기 말 구아노를 놓친 볼리비아가 21세기에는 리튬으로 — 부자 나라까지는 아니어도 — 살 만한 나라가 되기를 바란다. 그러면서도, 볼리비아의 아름다운 자연과 볼리비아인들의 순수함이 훼손되는 일은 없었으면 한다.

고산병

볼리비아 여행자들에게 가장 극복하기 어려운 문제는 **고산병**(高山病)이 아닐까 싶다. 주요 관광지들만이 아닌 볼리비아 전역의 고도가 높다 보니, 대부분의 여행자들은 고산병으로 고생한다. 어지러움 정도를 느끼는 건 약한 증상이며, 구토나 졸도 증상까지도 일어날 수 있다. 약국에서 고산병약을 사서 복용하는 여행자들이 꽤 있는데, 효과는 개인에 따라 다르다. 참고로 고산병약은 스페인어로 말 데 몬타냐스(mal de montañas) 또는 말 데 알투라(mal de altura)이다. 우유니(Uyuni)의 고도 역시 약 해발 3,600m이다. 고산병도 고산병이지만, 여름이라도(12~2월) 저녁에는 추위를 느낄 수 있는 고도이니 방한에 대한 대비가 있어야 한다.

가만히 앉아 있어도 세상이 빙글빙글 도는 듯한 어지러움을 느껴보면, 세계 최강 브라질, 아르헨티나 축구팀들이 무승부를 목표로 볼리비아에 원정 경기를 오는 게 격하게 이해된다.

우유니

대부분의 여행자들은 **우유니**에 들러 사막 투어를 하고는 우유니를 떠난다. 그도 그럴 것이 우유니 시내에는 그리 볼 것이 없다. 오지 산골 여행을 하던 중 만나는 '읍내' 수준으로 낙후되어 있다. '문명의 때가 묻지 않은 오지를 달린다'는 죽음의 자동차 경주, 다카르 랠리(Dakar rally)에서 아프리카 사하라 구간을 빼고 — 전쟁과 테러 위험도 원인이긴 했지만 — 이곳 볼리비아를 지나는 코스를 추가한 것을 보면 얼마나 오지인지 감을 잡을 수 있을 것 같다.

그러다 보니, 우유니 읍내는 우리 세대 '공간' 여행자들에게 '시간' 여행을 하는 느낌을 준다. 운행을 멈춘 채 덩그러니 놓여 있는 한 량의 기차와 텅 빈 우유니 역은 폐선 위기에 있는 어느 시골 철로 변의 간이역 풍경을 만들고, 시골 시장에서 볼 수 있을 것 같은 만물상과 수제 옷 가게 앞에는 배낭 멘 관광객들이 각자의 언어로 흥정을 하고 있다. 우리 눈에는 당장 재개발을 해야 할 것 같은 낡은 건물 열 평 남짓한 공간에 '볼리비아 고고학 박물관'이 들어서 있고, 박물관지기의 아들은 다른 피부색의 관광객들 옆을 신기한 듯 뛰어다닌다.

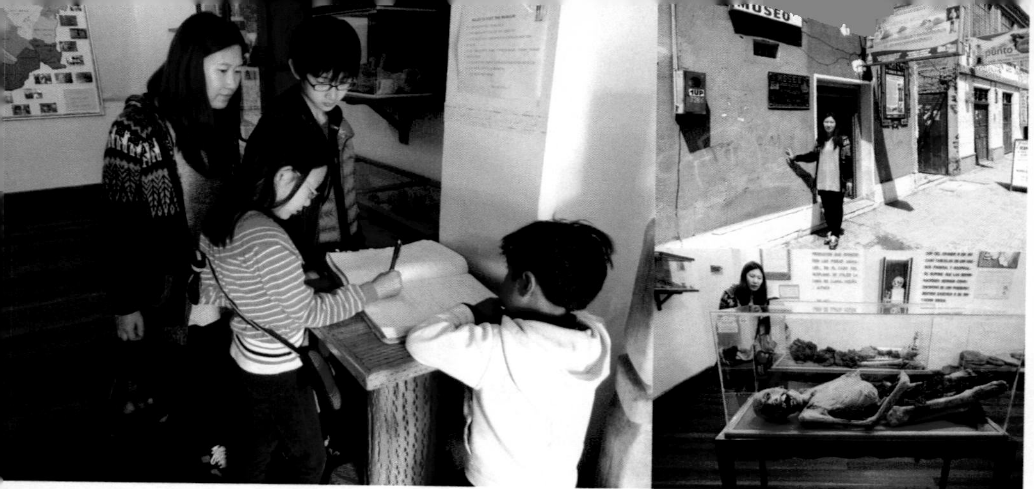

'신작로'에는 관광객을 태운 지프가 먼지를 날리며 달리기도 하고, 밤새 내린 빗물이 고인 웅덩이를 피해 라마 떼를 몰고 가는 유목 원주민도 있다. 읍내 최고의 레스토랑에 앉아 유통기한이 충분히 지났을 것 같은 딱딱하게 마른 고기 요리에 맥주를 한 잔하며 밖을 내다보면, 근처 도시로 떠나는 버스들과 승객을 모집하려 '오루, 오루, 오루로~, 라파, 라파, 라파즈~'를 외치고 있는 호객꾼들이 보인다.

시간 여행의 감흥을 느끼게 해 주는 이런 풍경들이 언제까지 남아 있을지는 모르겠다. 언제 완공될지 모르겠지만 버스 터미널 건설 공사를 시작한다고 한다. 이곳에도 곧 아스팔트 도로가 깔리고, 유명 체인호텔들이 들어서고, 대형 마켓이 영업을 하고, 프랜차이즈 커피숍들이 자리를 잡을지 모를 일이다. 아마 그때의 유목민들은 우유니에서 훨씬 멀리 떨어진 어느 곳에서 라마를 몰고 다닐 수밖에 없을 것 같다.

우유니 사막

우유니 사막(Salar de Uyuni)만큼 많은 여행자들의 버킷리스트에 — 나폴리, 아니 우유니 사막은 가보고 죽자 — 들어가 있는 곳이 또 있을까. 볼리비아를 방문하는 여행객의 대부분은 바로 이 우유니 소금사막을 목적지로 입국한다. 볼리비아 행정 수도, 라파즈(La Paz)에서 육로로 8시간 이상 떨어진 곳이지만, 여행객들은 먼 거리 이동의 수고를 마다하지 않는다. 수평선 끝까지 펼쳐진 발목 깊이의 호수와 반짝이는 소금 결정의 조합은 말 그대로 '세상에서 제일 큰 거울'을 만들어 여행객을 불러 모은다.

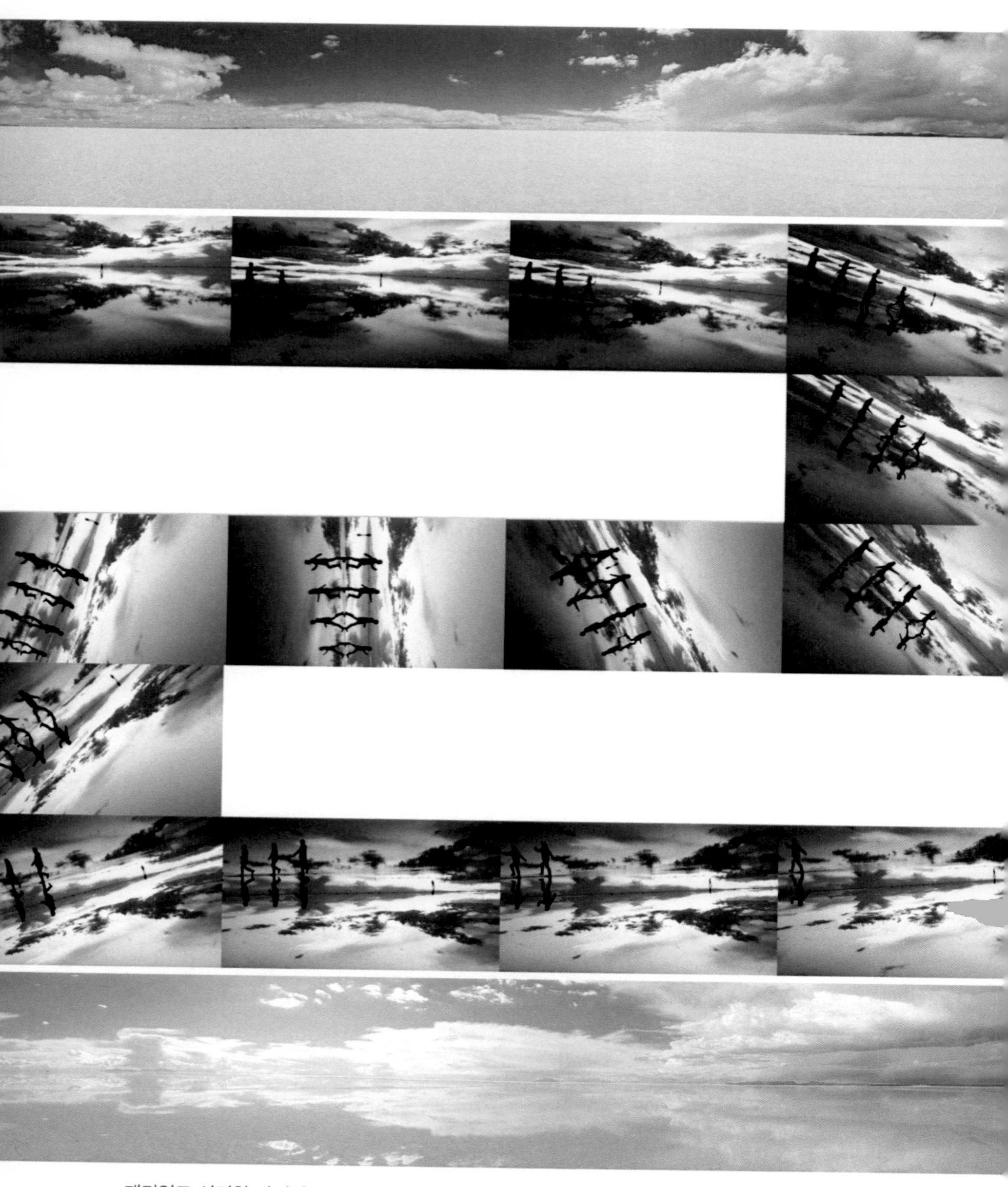

재미있고 신기한 사진과 동영상을 잘 찍어 주는 가이드가 인기 많고 일찍 품절된다.

소금 사막은 말 그대로 소금과 물, 그리고 간간히 지나가는 여행객을 실은 지프 말고는 아무것도 없는 곳이다. 그런 곳에서 카메라를 들고 몇 시간 동안 어슬렁거렸을 뿐이었다. 그러나, 그때의 감동은 말로도 사진으로도 설명할 수 없다. 사막의 마른 곳에는 눈을 시리게 하는 하얀 소금밭이 지평선까지 펼쳐져 있고, 물이 있는 곳에서는 하늘과 거울 호수가 만드는 천연 데칼코마니를 볼 수 있다. 시간이 지나 해가 질 무렵이 되어 해가 수평선에 가까워지면, 그 데칼코마니는 좀 더 비현실적으로 진화하여 몽환적인 분위기를 연출한다.

또한, 이곳은 바다를 잃어버린 볼리비아인들에게 언제까지 계속될지 모를 그들의 역사 동안 그들의 생존에 필수적인 소금을 제공해 주는 곳이다. 오히려, 바다에서보다 쉽게 채취가 가능하여 소금이 싸고 흔하다 보니, 길거리 기념품 판매점에서도 매우 싼 값에 소금을 살 수 있다. 단, 소금 품질은 보장하기 어렵다. 요즘도 가끔 현지에서 사서 가져온 소금에 스테이크를 구워 찍어 먹어보는데 우유니 소금이라는 낭만(?)은 있지만, 식용 소금으로는 역시 서해안 천일염이 최고다.

Brisa
EMPEXSA

BOLIVIA
2186KPP

우유니 사막을 여행하는 방법은 여행사를 통한 투어가 유일하다. 우유니 시내에서 사막으로 가는 대중교통편은 없고, 차를 렌트해서 사막에 들어갔다가 웅덩이에 빠지기라도 하면 문제가 심각해질 수 있기 때문에 시도할 생각도 안 하는 게 좋다. 여행사는 우유니 시내에 즐비하다. 얼마나 가성비 높은 여행사를 선택하느냐 정도를 고민하면 될 것 같다. 여행사에 투어 신청을 하면, 지프 한 대를 가득 채울 수 있는 7~8명 정도의 여행객이 모일 때까지 기다리고 모객이 완료되면 지프와 가이드를 호출하여 출발한다.

선셋투어는 오후 3, 4시경에 출발하여, '사진 잘 나오는' 지점까지 지프로 이동한 후, 플라스틱 의자를 펼쳐 주고 해지고 별 뜰 때까지 여행객들이 맘 놓고 놀 수 있게 해 준다. 가이드도 여행객들의 사진이나 동영상을 재미있게 찍어 주며 같이 놀다가, 여행객들이 지쳐 돌아가자고 하면 다시 숙소까지 데려다 주는 것으로 투어가 끝난다. 저녁 무렵의 우유니 사막은 앞서 얘기한 대로 '세상에서 가장 큰 거울'이 되어 환상적인 분위기를 외지 관광객들에게 선사한다.

소금 결정이 뾰족해서 맨발로 있기에는 발바닥이 아프다. 보통 가이드가 준비해 준 장화를 신는데, 지역 특성상 어린 여행자가 없는 지역이라, 어린이용 장화는 따로 준비되어 있지 않다.

데이 투어는 아침에 출발해서 저녁에 돌아오는 식이다. 대부분의 투어 코스는 기차 무덤(Cementerio de trenes), 콜차니(Colchani) 마을, 그리고 소금 호텔 등을 포함하며 어설프긴 하지만 점심 식사 제공까지 포함한다. 한낮의 우유니 사막은 상상 이상으로 눈이 부시므로 선글

라스를 준비해야 한다. 그 밖에, 일출 투어나 더 멀고 깊은 곳으로 2박 3일 이상의 투어를 가기도 하는데, 고지대 적응 등으로 힘들 경우 무리할 필요는 없을 것 같다.

안데스 고원 지대이다 보니 과거 우유니 주민의 대부분은 유목업, 광업 또는 소금 채취업 등에 종사했었다. 그러다, 우유니 사막이 여행자들을 통해 유명세를 타게 되니 이제는 꽤 많은 이들이 관광업으로 생계를 유지할 수 있게 되었다. 자연스럽게 경제 수준도 좋아지고 물가도 올라, 우유니의 물가 수준은 한국과 비교해 결코 낮지 않다. 숙식비는 물론 가이드 투어 비용 역시 — 비싸지는 않지만 — 만만치는 않을 것이다. 어느 정도 밀도 있는 플랜과 약간의 흥정이 필요할 수도 있다.

우유니 가는 길

우유니 가는 길은 멀고도 험하다. 볼리비아의 수도 라파즈에서 출발하면 버스로 8시간 이상 걸리며, 오루로(Oruro)에서 한 번 환승을 해야 한다. 보통 야간 버스는 어느 정도의 편안한 잠자리를 보장해 주는데, 볼리비아 버스는 아직 불편함이 많다. 그뿐만 아니라, 비포장도로가 많아 장시간 타게 되면 속이 불편할 수도 있다.

칠레 쪽에서 들어오는 경우도 많은데, 훨씬 더 험한 비포장도로를 달려 안데스 산맥을 오른다. 출발점인 칠레 대부분의 도시는 해안에 가까워서 평균 고도가 2,000m를 넘지 않는 반면, 칠레와 볼리비아 국경 지대의 고도는 4,000m가 넘는다. 고산병으로 고생하기에 충분한 고도가 된다. 비교적 융기한 지 오래되지 않은 안데스 산맥에는 곳곳에서 — 우유니 사막만큼은 아니지만 — 꽤 많은 양의 소금을 볼 수 있다.

국경은 해발 4,100m 이상의 고도에 위치한다. 칠레 쪽 출입국 사무소에서 — 한참을 기다려 — 출국 심사를 받고 다시 버스에 오르면 1㎞쯤 이동하여 볼리비아에서 출발하여 안데스를 올라온 버스와 만난다. 이곳에서 버스를 옮겨 타고, 볼리비아 출입국 사무소로 이동하여 입국 심사를 받는다. 한국인은 볼리비아 입국 시 비자가 필요하므로 사전에 비자를 발급받지 못한 여행객은 이곳에서 도착 비자를 받기도 한다. 대개의 경우, 칠레 쪽보다 볼리비아 쪽이 버스도 도로도 낙후되어 있어 덜컹거림이 심하다. 버스 이동 중 잠이 들 수밖에 없게 전날 잠 조절을 잘하는 게 중요하다.

Dickies
Frontera del Norte

우유니에 취항하는 항공사 역시 사정은 좋지 않다. 필자는 낡은 비행기 타는 것을 더 불안하게 생각해서, 시간이 걸리더라도 버스를 이용했다. 버스 승하차 지점은 소매치기들이 득실거리니 각별히 조심해야 한다. 짐을 실어 주겠다고 하고는 그냥 들고 사라지는 사고가 있으니, 버스 기사 얼굴은 알아두고 확인 후 짐을 건네야 한다.

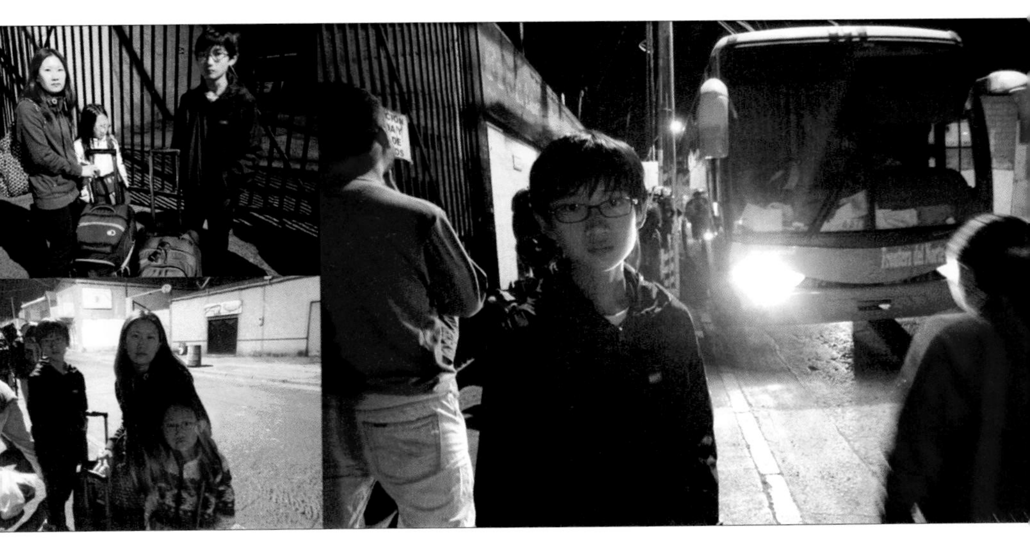

은

앞서 구아노 얘기가 있었는데, 자원 부국 볼리비아의 슬픔은 훨씬 이전부터 있어 왔다. 신대륙 발견 이후, 스페인 무적함대가 영국에 패하여 해양 패권을 내주기 전까지 스페인은 유럽의 패권 국가이자 가장 부유한 나라였다. 그런 스페인의 부는 스페인이 식민지에서 착취해 온 재화가 원천이었는데, 그 중심이 된 식민지는 볼리비아였다. 볼리비아는 세계에서 가장 많은 **은**(銀)을 가지고 있던 나라였다.

우유니에서 차로 3, 4시간 거리에 있는 포토시(Villa Imperial de Potosí)는 16세기부터 200여 년간, 세계적으로 손꼽히는 부자 도시였고, 당시 인구도 15만 명 이상이었던 대도시였다. 이유는 포토시의 뒷산 쎄로 리코(Cerro Rico)에 매장된 어마어마한 양의 은이었다. 스페인 침략자들이 오기 전부터, 이곳 원주민들은 막대한 양의 은이 매장되어 있음을 알고 있었으나, '그것은 너희들 것이 아니라, 너희 뒤에 올 사람들의 것이니라'라는 신의 계시를 받고, 뒤에 온 스페인인들에게 이를 순순히 약탈당한다. 채굴된 대부분은 스페인 본국으로 유입되고, 스페인은 이 막대한 은을 바탕으로 수많은 전쟁을 치르며 유럽 내 패권을 유지한다. 또, 이 은을 바탕으로 중국과 무역을 할 수 있었고, 수많은 중국 제품들을 유럽으로 사들여 올 수 있게 된다. 물론, 은은 중국으로 유입되었고, 중국은 풍부한 은을 바탕으로 지정은제(地丁銀制)라는 은 본위 조세제도를 시행할 수 있게 된다.

문제는 이 은을 캐기 위해 착취당하고 희생당한 당시 식민지 볼리비아인들의 삶이다. 수많은 원주민들은 은 채굴을 목적으로 강제 노역을 하였고, 안전 장치도 없는 갱도(坑道)에서 유명(幽冥)을 달리했다. 사고를 당하지 않은 이들은 규폐증(硅肺症)에 시달리다 죽어갔고, 수은을 사용한 은 추출 방식으로 인해 중금속 오염 희생자들이 속출했다. 그렇게 스페인인들의 수탈은 200년이 넘게 계속되었고, 당시 해발 4,300m의 쎄로 리코는 현재 4,000m 수준으로 낮아졌다. 그리고 지금도 수많은 무일푼의 볼리비아 인들은 빛 바랜 도시 포토시를 찾아와, 이미 말라 버린 은광에서 은을 캐기 위해 더 깊은 곳으로 목숨을 걸고 내려간다.

달러 표시, $의 유래를 아는가? 포토시에 위치한 화폐 박물관에서는 Potosi의 P, T, S와 I가 조합된 기호라고 하는데, 믿거나 말거나인 듯하다. 어쨌든, 볼리비아 포토시는 유럽과 중국, 남미를 묶는 세계 최초로 단일 화폐, 단일 경제권에 화폐를 공급했던 '대단한' 도시였음은 틀림없다.

티티카카

앞서 기술한 대로 볼리비아는 내륙국이다. 칠레와의 전쟁에서 패해 바다가 없는 국가가 되었지만, 아직 해군을 보유하고 있다. 그리고, 언젠가는 다시 바다로 나갈 그날을 기다리며 와신상담 중인 볼리비아 해군은 지금도 훈련 중이다. 도대체 어디서 해군을 운용한단 말인가?

볼리비아와 페루에 세계 최고(最高)의 호수 **티티카카**(Titicaca)가 걸쳐 있다. 볼리비아 수도 라파즈에서 차로 4시간 정도 이동을 하면, 해발 3,800m의 고지대에 있는 수평선이 보일 정도의 넓은 호수에서 파도가 넘실대고 있는 모습을 볼 수 있다. '평화'라는 말이 이처럼 잘 어울리는 공간이 또 있을까? 호수가 그냥 호수겠지 하고 생각할 수도 있겠지만, 메마르고 각박한 안데스 고원에서 뜻밖에 만난 티티카카의 푸르름은 메마른 눈을 시리게 하고 각박해진 감성을 다시 촉촉하게 만들어 준다.

호수라기보단 바다 스케일이다.

코파카바나

티티카카에 인접한 **코파카바나**(Copacabana) 시내에는 여러 여행사들이 관광객을 맞는다. 푸노(Puno), 쿠스코(Cuzco) 등을 가는 버스 티켓을 팔기도 하고, 티티카카 호수 한복판에 있는 태양의 섬(Isla del Sol) 투어 상품을 권하기도 한다. 재래 시장과 성당, 환전소, 공원 등 나름 있을 건 다 있다. 대체로 순박한 볼리비아인들을 만나겠지만, 얼마 전 한국 여행자가 피살된 적도 있는 곳이니 조심할 건 조심해야 한다.

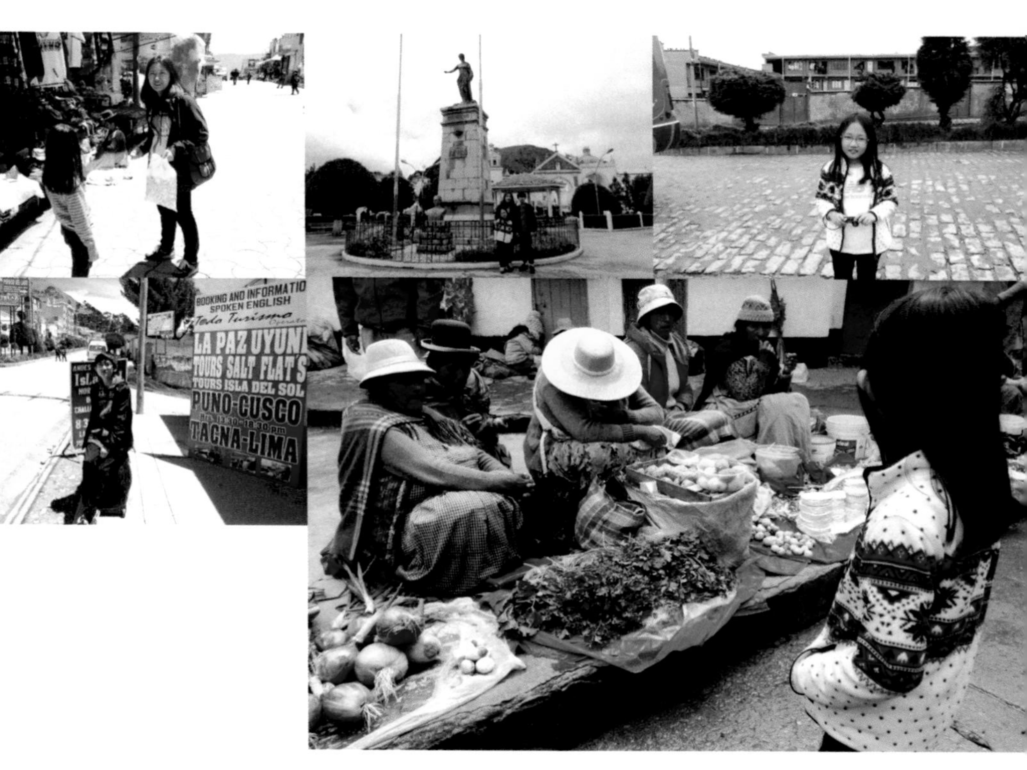

관광객을 상대로 하는 식당도 몇 있지만, 맛집으로 꼽을 만한 곳은 아니었던 것 같다. 오히려, 호숫가 포장마차 음식의 가성비가 훌륭하

다. 호숫가에 많은 포장마차들이 늘어서 있다. 취급하는 메뉴는 거기서 거기일 듯한데 유독 한 집만 손님이 가득하다. 다들 그냥 손님이 오면 주문을 받고 마는데, 한 집만 주인 아주머니만 지나가는 행인들을 불러 빛깔 좋은 송어(스페인어로 trucha)를 보여 주며 호객을 한다. 스페인어라 다 알아듣지는 못하지만, 자기네 포장마차 송어가 제일 신선하고 좋다는 얘기일 것 같다. 딱히 선택의 기준이 없는 여행자들은 자연스레 그 집으로 들어가고, 그러다 보니 재료 회전율이 높아지며, 당연히 더 신선한 재료를 쓸 수 있게 되는 선순환이 이루어진다. 언젠가 다시 이곳을 찾으면, 그땐 모든 포장마차 주인들이 삐끼가 되어 있겠지 하는 생각이 든다.

아무 생각 없이 수평선에서부터 밀려오는 파도만 바라보고 있어도 행복을 느낄 수 있는 평화로운 공간이다. 호수에서 갓 잡아 만든 송어 스테이크에 파쎄냐(Paceña) 맥주 한 잔을 곁들이면 더할 나위 없겠다.

코파카바나 가는 길

코파카바나 가는 길 역시 험하다. 라파즈에서 출발해서 육로로만 이동하려면 국경을 넘어 페루로 들어갔다 다시 나와야 한다. 대부분의 외국인들은 볼리비아 단수 비자를 발급받아 입국하기 때문에 이 경로의 이동은 — 볼리비아 내국인 역시 페루 입출국 문제로 — 사실상 불가하다.

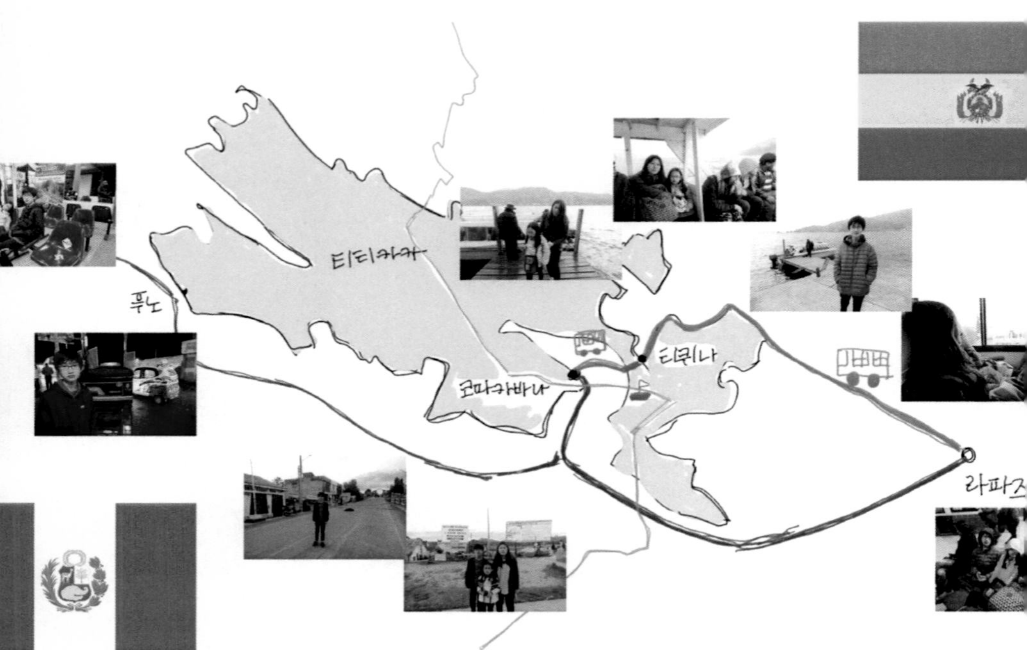

볼리비아 영내에서 이동하기 위해서는 초록색 루트로 이동할 수밖에 없다.

그러다 보니 육로와 수로를 오가는 코스로 버스를 운행한다. 라파즈를 출발한 버스는 육로로 티티카카 호수 변의 티퀴나(Tiquina) 나루터까지 이동한 후 일단 승객들을 모두 하차시킨다. 짐도 버스에 놔둔 채 몸만 내리면, 멀리서 나이 지긋하신 나룻배 사공이 오라고 손짓을 한다. 짐을 두고 가는 걸 망설이는 승객들을, 버스 기사는 문제 없다며 승객들을 나룻배 쪽으로 내몬다. 그렇게 나룻배를 타고 호수를 건너다 보면, 여행객들의 짐을 가득 실은 버스도 통통배를 타고 호수를 건너오는 장면을 목격할 수 있다. 보통 승객들이 먼저 도착해 배를 타고 오는 버스를 기다렸다 만난다.

버스 출발 준비가 되면, 승차 신호도 주지 않고 탑승객 체크도 없이 그냥 출발한다. 주변에는 여행객을 상대로 군것질 거리와 커피, 기념품 등을 파는 상점과 잡상인들이 많아, 한눈 팔다 보면 버스를 놓치기 십상이다. 눈치껏 적당히 놀며 버스를 놓치지 않도록 조심해야 한다. 그렇게 서너 시간을 버스, 배, 다시 버스로 이동을 하면 평화롭디평화로운 코파카바나를 만날 수 있다.

페루 쪽에서 이동하게 되면 보통 푸노라는 호수 변 휴양지에서 버스를 내렸다가 다시 타게 된다. 이유는 모르겠는데 터미널 이용료를 강제 징수한다. 큰돈은 아니니 저항(?)할 필요는 없을 것 같다.

볼리비아에서 온 그대

교황 요한 바오로 2세(Papa San Giovanni Paolo II, 1920~2005)가 방한하고, 병태와 민우가 춘자를 데리고 고래 사냥을 떠났으며, LA 올림픽에 출전한 우리 대표팀이 6개의 금메달을 따고, T-800으로부터 사라 코너를 지키기 위해 카일 리스가 타임머신을 타고 왔던 1984년 어느 날이었다. 조용필, 전영록, 이용 등이 주도하던 가요계에, 당시는 '염소 창법'이라 불리던 독특한 창법으로 슬프고도 잔잔한 이별 노래를 부르며 등장한 가수가 있었다. 외모로 보나 말씨로 보나 노래에 묻어 있는 감성으로 보나, 전형적인 한국인이었던 그는 우리가 알아듣지 못하는 외국어 노래도 곧잘 불렀다. 그때는 몰랐는데 그 외국어는 스페인어였고, 역시 그때는 몰랐는데 그 가수의 국적이 볼리비아였다.

「약속」이라는 노래로 데뷔해, 2집 앨범의 「아이스크림 사랑」, 「사랑이란 말은 너무 너무 흔해」 등으로 대중들에게 잘 알려진 가수 임병수(Hernan Im)는 대전에서 출생하여 아버지를 따라 남미 볼리비아로 이민을 가서 살았던 볼리비아 교포였다. 그는 미국에서 대학을 다녔는데, 대학생 시절 출전했던 가요제에서 입상했고, 볼리비아에서 한국어 노래를 스페인어로 개사해 불러 크게 인기를 얻었다. 가수로서의 가능성을 확인한 임병수는 이후 한국으로 돌아와 가수로 데뷔하게 된다. 스페인어가 공용어인 볼리비아에서 고등학교 생활까지 했던 그는 당연히 스페인어 가사의 노래에 익숙했고, 또 잘 불렀다. 그가 발매한 앨범에는 꽤 많은 스페인어 가사의 노래가 수록되어 있다. 필자는 1994년 월드컵을 통해 볼리비아를 처음 알게 되었지만, 사실 그 전부터 우리는 — 우리도 모르는 사이에 — 볼리비아 가수의(?) 노래를 즐겨 듣고 따라 부르고 있었던 것이었다.

별이 유난히도 밝은 오늘 이 시간이 가면

그대 떠난다는 말이 나를 슬프게 하네 이 밤 다 가도록

아 행복했던 시절 많은 우리들의 약속

자꾸 귓가를 스쳐 나를 슬프게 하네

그대 잘못 아니에요 왠지 울고 싶어져요

나는 너무나도 파란 꿈을 꾸고 있었어요

한국에서 스페인어 노래를 부르던 그는 1990년대에 닥친 경제 위기

즈음하여, 한국 연예계에서 사라졌다. 지금은 아마 볼리비아 어딘가에서 한국어 노래를 부르며 지나간 1980년대를 회상하고 있을 것 같다. 그리고, '**볼리비아에서 온** 임병수'의 그 데뷔 곡은 30여 년이 지나 '★에서 온 **그대**'에 의해 다시 불려지기도 했다.

11

Cape Town & Republic of South Africa

다음은 한 인터넷 백과사전에서 발췌한 어떤 차[茶]에 대한 설명이다.

> *이 차는 100여 년 전에 유럽에 전파되었으며, 현재 미국, 일본 등 20개국에 보급되어 있다. 카페인이 없어 아이들도 마실 수 있으며, 철과 칼슘 등 미네랄이 풍부하다. 또 SOD(SuperOxide Dismutase) 성분을 많이 함유하고 있어 항산화 작용이 뛰어나다. 알레르기 증세 완화, 노화방지, 피부미용 등에도 효과가 있다.*

카페인이 없어 아이나 임산부가 마셔도 괜찮다고 알려진 — 그래서 임산부차(?)로도 알려진 — 루이보스차(Rooibos tea)에 대한 설명이다. 루이보스의 뜻은 원주민 언어로 '붉은 덤불', 영어로 표현하면 'red bush'에 해당하며, 해발 450m 이상의 고산지대에서 자라는 침엽수이다. 이 루이보스의 재배가 가능한 세계 유일의 나라가 바로 남아프리카 공화국(이하 남아공)이다. 루이보스차를 알게 된 이방인 자본가들은 타 지역에서의 루이보스 재배를 통한 대량 생산을 하고자 했고, 여러 번 묘목을 옮겨 재배를 시도했다. 그러나 결과는 모두 실패였다.

남아공 수준의 위도와 그에 따른 일조량, 루이보스에 적합한 고도와 강수량 등 아프리카 대륙 남단의 특이 기후와 일치되는 곳은 남아공 말고는 없었던 것이다.

그래서, 지금도 여전히 루이보스는 남아공 고산지대에서만 자라고, 루이보스차는 여전히 남아공의 특산차로 세계에 유통된다. 필자도 루이보스차를 즐겨 마시는 편이라 산지에서 좀 더 잘 선별된 고급차를 맘껏 즐기고 올 것을 기대했다. 그러나, 뜻밖에도 남아공 현지에서는 루이보스차보다 와인에 빠져 지냈었다. 와인 역시 품질 좋고 가격 또한 합리적이어서 굳이 차를 마실 여유(?)가 없었던 것이다. 그저 공항 면세점을 돌다가 만난 넬슨 만델라 티라는 이름으로 포장된 기념품 차를 한 통 사 들고 귀국했을 뿐이다. 어쨌든, 지금도 루이보스차를 마실 때면 고원의 낭만적인 풍경을 포함한 남아공 여러 곳이 떠오른다.

남아공 국가

공식 언어가 4개인 스위스는 남아공에 비하면 아무것도 아니다. 남아공에서 가장 많이 쓰이는 언어는 아프리칸스어와 영어이지만, 공용어로 지정된 언어는 이를 포함해 11개이다. 공식 언어로 지정 받지 못한 언어들과 유럽 이민자들의 모국어까지 합치면, 정말 다양한 언어들이 쓰이는 나라이다. 이 넓은 언어 스펙트럼 속의 국민들을 어떻게든 결속시켜보겠다는 그들의 눈물겨운 노력은 **남아공 국가**(國歌)에서도 볼 수 있다. 11개의 공용어 중 가장 많이 쓰이는 5개의 언어를 혼용하여 아래와 같은 외우기도 부르기도 힘든 국가를 만들어 부르고 있다. 마지막 영어 파트 한 줄을 제외하면 이해하기 쉽지 않은데, 대부분의 남아공 국민들도 한 줄만 겨우 이해한다.

[코사어] *Nkosi sikelel' iAfrika. Maluphakanyisw' uphondo lwayo,*

[줄루어] *Yizwa imithandazo yethu, Nkosi sikelela, thina lusapho lwayo.*

[소토어] *Morena boloka setjhaba sa heso, O fedise dintwa le matshwenyeho, O se boloke, O se boloke setjhaba sa heso, Setjhaba sa, South Afrika, South Afrika.*

[아프리칸스어] *Uit die blou van onse hemel, Uit die diepte van ons see, Oor ons ewige gebergtes, Waar die kranse antwoord gee,*

[영어] *Sounds the call to come together, And united we shall stand, Let us live and strive for freedom in South Africa our land!*

남아공 항공

북부 아프리카는 거리상 유럽과 다르지 않지만, 남부 아프리카는 매우 멀다. 우리나라에서 출발하는 직항은 없고, 보통 두바이, 싱가포르, 홍콩 등을 경유한다. 두바이, 싱가포르는 나름 잘 알려진 UAE, 싱가포르 국적기가 남아공 요하네스버그, 케이프타운까지 운항한다. 아프리카에서는 에티오피아 항공과 **남아공 항공**이 운항하는 동아시아 노선이 있는데, 취항지는 모두 홍콩이다. 보통 남아공을 가자면 홍콩에서 남아공 항공을 이용하면 된다.

필자도 처음으로 아프리카 국가의 국적기를 탑승했는데, 안 좋은 추억이 생겼다. 갈 때, 올 때 모두 짐을 제대로 받지 못했다. 더 놀라운 점은, 늦게 도착한 여행 가방을 확인해 보니 강제로 열린 흔적이 있고, 귀중품과 좋은 옷가지가 사라진 것이다. 설마 했는데, 출발 전 읽어 본 여행 에세이에 쓰여 있던 일이 그대로 벌어진 것이다. 그 에세이 저자의 여행 가방도 강제로 열렸고 귀해 보이는 몇 물품은 사라졌다. 당황하고, 화도 났지만 침착하게 전화와 이메일로 항공사에 접촉하여 이의 제기를 했다. 그러나, 귀중품은 책임지지 않는다는 원론적인 답변뿐이었다. 어렵게 사는 아프리카 노동자들의 사정을 이해 못 하는 바는 아니지만, 이런 부정이 늘 벌어지고, 또 자연스레 묵과된다고 생각하면, 여행자 입장에서는 아프리카를 다시 보게 될 수밖에 없다.

혹시라도 해당 항공사 여객기를 이용할 계획이라면 각별한 주의가 필요하다. 잠겼든 안 잠겼든, 가방을 열고 귀중품을 빼 갈 가능성이 높으니, 들고 탈 기내용 백을 잘 활용해야 한다.

폭풍의 곶

1487년 3척의 배를 이끌고 포르투갈 리스본(Lisboa)을 떠난 바르톨루뮤 디아스(Bartolomeu Dias, 1450~1500)는 1488년 3월 남아공 보즈먼(Boesmans) 강 하구까지 도착한다. 인도 항로를 찾겠다던 그의 야망은 오랜 항해로 지친 선원들의 반대에 부딪혀 좌절된다. 그리고 반란 직전의 선원들을 다독여 리스본으로 돌아오는 도중 '야트막한 언덕'을 발견한다(1488년 5월).

희망봉은 정말 놀라울 정도로 볼품없는 돌무더기 언덕에 불과하다.

디아스가 명명한 그곳의 이름은 'Cabo das Tormentas', 즉 '**폭풍의 곶**'이었다. 훗날 포르투갈의 국왕 주앙2세(João II, 1455~1495)에 의해 'Cabo da Boa Esperança(Cape of Good Hope)', '희망의 곶' 또는 '희망봉'으로 개명되었다. 이곳을 지나는 항해자들에게 인도를 갈 수 있다는 희망을 심어 주기 위해서라고 한다. 그렇게 얻은 '희망'으로 바스코 다 가마(Vasco da Gama, 1460~1524)는 1498년 유럽인 최초로 해로를 통해 인도에 도달한다.

동방 세계는 평화롭고 안정된 사회를 유지하고, 막강한 경제력에 기반한 높은 수준의 문명을 이루며 번영하고 있었다. 그들은, 희망봉을 '찍고 온' 이국의 항해자들을 호의로 맞아 주었으나, 이방인들의 탐욕과 폭력에 서서히 몰락해 간다. 시민 혁명과 산업 혁명을 거치며 서구 세력은 더욱 막강해지고 마침내 패권은 동방에서 서방으로 넘어간다. 그렇게 만들어진 세계 힘의 지도는 지금도 여전하다. 어찌 보면 희망봉이 말하는 희망은 서구 침략자들의 '희망'이었을 뿐, 평화롭게 살아가던 동양인에게는 — 아프리카와 신대륙 원주민에게도 — '절망'이었는지도 모르겠다. 이후의 동양사를 들여다보면 '희망봉'이라는 이름보다, 디아스가 처음 명명한 '폭풍의 곶'이라는 이름이 더 중립적인 이름이 아닐까 한다.

희망봉은 케이프타운 시내에서 약 70㎞, 차로 한 시간 거리의 케이프 반도 끝자락에 위치한다. 전 세계적으로 유명한 지점이다 보니 당연히 관광객으로 붐비고, 희망봉 포토존에서 독사진 찍기는 — 아주 운이 좋지 않은 한 — 불가능하다.

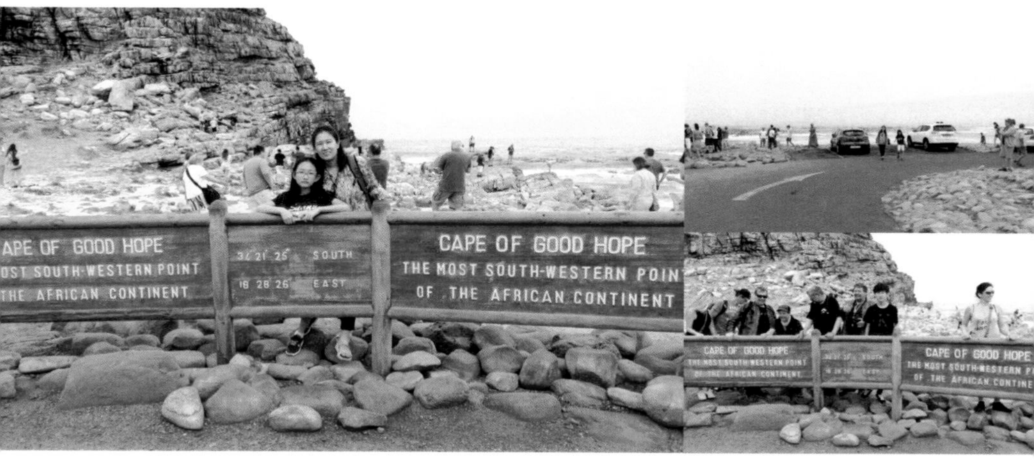

앞에서도 얘기했듯이 희망봉은 '야트막한 돌 언덕'이라, 놀라울 정도로(?) 볼품없다. 희망봉 앞에 섰을 때, 눈 앞에 보이는 등대 있는 봉우리가 케이프 포인트(Cape point)이다. 어쩌면 디아스가 발견한 곳이 이 볼품없는 돌 언덕 희망봉이 아니라 케이프 포인트가 아니었을까 하는 생각도 든다. 케이프 포인트와 희망봉은 반도 끝자락에 위치하다 보니, 바람이 거세고 날씨가 변덕스럽다. 운이 나쁘면 안개와 구름에 완전히 포위당할 수도 있다.

삼성 다니는 남편과
까칠한 애 둘 데리고

아굴라스

역사적인 이유로 유명세를 탄 희망봉을 아프리카 최남단으로 '잘못' 알고 있는데, **아굴라스** 곶(Cape Agulhas)이 '진짜' 아프리카 대륙의 최남단이다. 자연스럽게, 이곳을 지나는 경선을 기준으로 — 같은 바닷물이긴 하지만 — 대서양과 인도양이 나뉜다. 아굴라스 국립 공원 내에 있는 등대에서 조금 떨어진 바닷가에 대륙의 끝과 두 대양의 경계를 알리는 기념비가 있다. 아무것도 없는 휑한 바닷가일 뿐인데, 그 자리에 서보면 이유 없이 뭉클하면서도 뿌듯하다.

'대륙의 끝'이라는 의미 있는 장소이지만, 케이프타운에서 멀리 떨어져 있어 여행자들이 찾아오기엔 힘든 면이 있다. 아프리카가 대부분 그렇지만, 대중교통편은 없어, 현지인 또는 현지 여행사를 통하거나, 차를 렌트해서 직접 운전하고 와야 한다. 케이프타운에서 출발해서 오다 보면 대륙 남단의 독특한 고지대 풍경을 즐길 수 있다. 거리로는 200㎞, 약 3시간 반 정도 부지런히 달려야 한다. 간혹, 돌풍 또는 강한 비바람이 운전을 어렵게 할 수도 있으니, — 자연스레 밟게 되지만 — 과속은 금물이다. 참고로, 남아공을 포함한 남아프리카 대부분 나라의 도로에서는 주행 방향이 우리나라와 반대이다. 당연, 운전석의 위치가 우리나라와 정반대이며, 적응 전까지 약간 어색할 수도 있다.

정말 황량하고, 정말 뿌듯하다.

노벨 평화상이 많은 나라

17세기 남아프리카로 이주한 소수의 백인들은 절대 다수의 비(非)백인들을 지배하기 위한 인종 차별 정책을 펼친다. 이름하여, 아파르헤이트(Apartheid)라는 인종 격리 정책은 2차 세계 대전 이후 더욱 노골화되고 강화되어 흑백 갈등을 유발하고, 이 와중에 수많은 유혈 충돌과 유혈 진압, 인권 운동과 인권 탄압이 이루어진다. 이렇게 혼란스러웠던 남아공 유색인들의 암흑기에 남아공을 넘어 아프리카의 예수와도 같은 존재가 있었으니, 그가 바로 넬슨 만델라(Nelson Rolihlahla Mandela, 1918~2013)였다.

트란스케이 움타타에서 템부족 족장의 아들로 태어난 그는 젊은 시절 시술루(Walter Max Ulyate Sisulu, 1912~2003), 탐보(Oliver Reginald Kaizana Tambo, 1917~1993) 등과 함께 흑인 인권 운동을 시작한다. 초기에는 인도의 간디와 같이 비폭력 저항 운동을 위주로 했으나, 흑인 시위대를 향한 무장 경찰의 총기 난사로 수십 명이 사망하고 수백 명이 부상당하는 것을 본 후, 방향을 바꾼다. 무력 투쟁을 목적으로 국민의 창(Umkhonto we Sizwe)이라는 비밀 군대를 조직하였으나, 도중에 체포되어 1964년부터 1990년까지, 27년 동안 — 필자가 얘기를 나누어 본 남아공 모든 흑인들은 27이라는 숫자를 알고 있었다 — 복역했다.

남아공 최대 도시 요하네스버그(Johannesburg) 국제 공항은 탐보의 이름을 기려, OR 탐보 국제 공항(O. R. Tambo International Airport, JNB)로 명명되었다. 이곳에는 탐보의 동상이 서 있고, 만델라의 동상은 공항에서 30분 거리에 있는 샌튼(Santon)의 만델라 광장에서 만날 수 있다.

1990년 백인 대통령 클레르크(Frederik Willem de Klerk, 1936~)가 남아공의 민주주의 정착을 선언하며 아파르헤이트 완화와 흑인 인권 단체의 합법화를 이루었고 투옥 중이던 인권 운동가들을 석방했다. 만델라도 이때 출소하였고, 이후 클레르크 정부, 흑인 인권 단체 등과 수년간의 긴 협상을 통해 민주적인 선거를 관철시켰다. 이후 그는 1994년 남아공 최초로 흑인이 참여한 총선거에 의하여 구성된 의회에서 대통령으로 선출되었다. 17세기 이후 지속되었던 인종 갈등이 종식된 것이다. 1993년, 만델라와 클레르크는 노벨 평화상을 공동 수상하였다. 참고로, 남아공은 **노벨 평화상이 많은 나라**이다. 정치, 사회적 지배와 피지배의 역사, 그리고 그에 비례한 투쟁의 역사가 길었음을 방증(傍證)하는 게 아닌가 싶다.

미국의 16대 대통령 링컨(Abraham Lincoln, 1809~1865)은 노예제 찬반을 떠나 연방 붕괴를 걱정했었다. 1993년 당시 클레르크와 만델라가 걱정했던 것도 남아공의 붕괴였다고 한다. 링컨도, 클레르크와 만델라도 인종 간의 갈등 문제를 '정치적으로는' 해결했고 국가 분열 위기를 막았다. 그러나, 수세기를 이어 온 경제적 불평등은 미국에서도 남아공에서도 여전하다. 남아공 주요 도시들의 지니계수(Gini coefficient: 0에 가까워지면 모집단의 소득 편차가 작음을 의미하고, 1에 다가가면 소득 편차가 큼을 의미한다)가 전 세계의 그것보다 큰(?) 것으로 보고되기도 하니, 아파르헤이트는 정치적으로 철폐되었을 뿐, 경제적으로는 여전히 진행 중인 것이나 다름없다. 이를 극복하기 위해서는 또 많은 시간과 노력이 필요할 듯하다.

명품 매장으로 가득한 요하네스버그 샌튼의 쇼핑몰을 나가면 바로 흑인들이 집단 거주하는 빈민촌을 만나게 된다.

남아공 흑인들의 경제적 어려움을 이해하고 공감하면서도, 달려드는 듯 구걸하러 오는 그들을 피해야만 하는 여행객의 마음은 무겁고 착잡하기만 하다.

채프먼스 피크 드라이브

채프먼스 피크 드라이브(Chapman's Peak Drive)는 케이프타운 남쪽 후트 베이(Hout bay)와 노르드후크(Noordhoek) 사이에 대서양을 접한 절벽 위의 자동차 도로이다. 아름답기로도 아찔하기로도 세계 최고라는 찬사가 아깝지 않다.

도로 폭이 매우 좁아 마주 오는 차량의 덩치가 클 경우 위협을 느길 수도 있고, 마라토너나 자전거 부대를 추월하기 위해 중앙선을 침범할 때는 식은땀이 나기도 하며, 피크 메인 전망대 주변을 포함한 전망 좋은 지점들에서 낭떠러지 옆에 밀착 주차를 할 때 역시 아찔함을 느끼게 된다. 또한, 유료 도로라 운행 차량이 많을 때에는 톨게이트 통과에 꽤 많은 시간이 걸리기도 한다.

이런 어려움과 불편함에도 불구하고, 눈이 시릴 정도로 푸르르고 가슴을 확 트이게 해 주는 대서양 풍경을 만나보면 채프먼스 피크 드라이브를 꿈의 드라이브 코스라 부르기를 주저하지 않을 것이다.

스텔렌보스

스텔렌보스(Stellenbosch)는 케이프타운에서 약 50㎞ 정도 떨어진 에르스트(Eereste) 강변에 위치한 도농복합도시(?)이다. 17세기 말부터 네덜란드인들이 개발한 지역으로 농업에 유리한 비옥한 토지 환경을 가지고 있다. 야트막한 북향 언덕 곳곳에는 몇 대를 이어 내려오는 포도 과수원과 와인 양조장들이 위치하고 있다.

케이프타운 관광객들은 반나절 정도의 시간을 투자하여 와이너리 투어를 하러 오곤 한다. 우리 돈 오천 원 정도의 시음료비를 내고 와인 3종류를 고르면, 시음용 와인을 한 병씩 차례로 들고 나와 병아리 눈물만큼씩 따라주며 간단 설명을 해 준다. 이후 맘에 드는 와인을 구매하게 되면, 구매하는 와인 한 병당 1인씩 시음료를 면제해 준다. 즉, 2명이 가서 인당 3종류씩 총 6종 시음하고, 2병 구매하면 시음료비는 안 받는다는 얘기다.

소믈리에가 와인을 따라주며 나름 진지하게 설명을 해 주는데, 대부분의 와인을 'Interesting', 'Amazing' 또는 'Wonderful'로 묘사한다.

노는 땅이 넓은 나라에서 나온 와인이라 그런지, 싸다. 품질만 놓고 보면 모르겠는데, 가격 대비 품질을 생각하면 세계 최고라 할 만하다. 이유는 모르겠는데, 남아공에는 여러 품종이 블렌딩된 와인이 — 과일 주스 또한 블렌딩된 제품이 — 많다.

상쾌한 바람에 따스한 햇볕, 숲의 맑은 공기 속의 저택에서, 먼 길 마다않고 찾아오는 관광객들을 상대로 장사하며, 대낮부터 와인잔을 기울이는 스텔렌보스 농장주들을 보면 — 부러우면 지는 거라는데 — 부러움을 느끼지 않을 수 없다. 비가 오나 눈이 오나 새벽같이 일어나 출근하는 직장인 생활을 접고 이곳 농장주들처럼 살 수 있다면 진짜 불로장생(不老長生)할 수 있을 것 같다.

테이블 마운틴 & New7Wonders

남아공이 위치한 아프리카 남단은 유년기 지형에 속한다. 익숙한 곳을 예로 들자면, 북미 서부의 그랜드 캐니언(Grand Canyon)에서 좀 더 침식이 진행된 구조를 상상하면 된다. 판판한 대지에서 깊은 V자 계곡 침식이 이루어지고, 남은 몇몇 지형들은 무너지고, 또 몇몇은 평평하게 남아 '**테이블 마운틴**(Table mountain)'이라는 이름이 붙게 되었다. 케이프타운 시내 어디서나 볼 수 있는 도시의 천연 랜드마크이다.

LiquorShop
PARKING
DEBONAIRS PIZZA
FREE DELIVERY

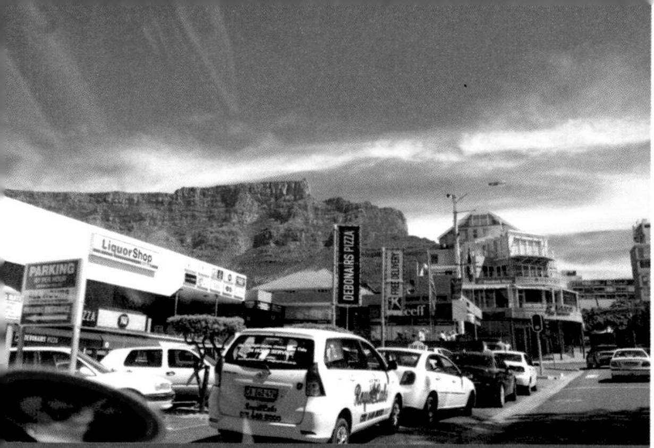

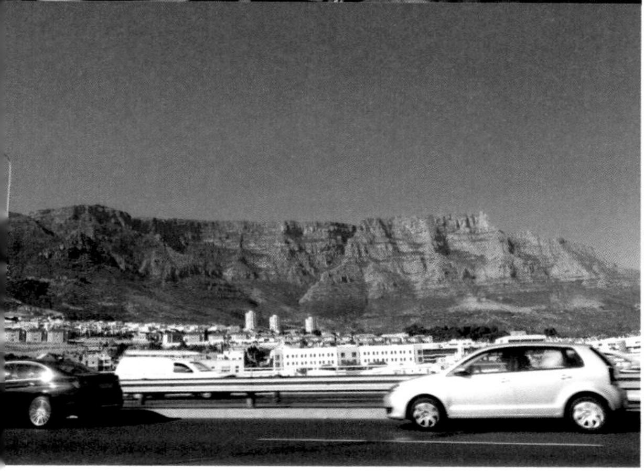

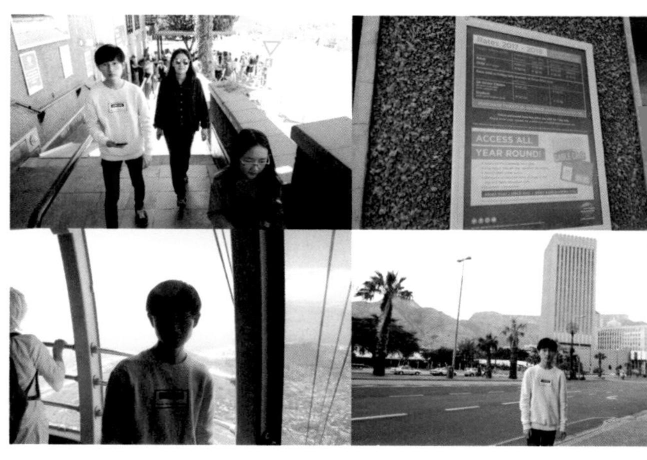

ACCESS ALL
YEAR ROUND!

고지대까지는, 360도 회전하는 케이블카를 타고 오르게 되는데, 대륙 끝단이라 그런지 강풍으로 운행이 취소되기도 한다. 케이블카 1회 이용권은 비싸고, 1년 이용권은 상대적으로 싸서 매표소 앞에서 순간 엉뚱한 고민(?)을 하게 되기도 한다.

테이블 마운틴은 2011년 '세계 7대 자연 경관(New7Wonders of Nature)'의 하나로 선정되었다. 7대 자연 경관이라는 게, 당시 한국에서 제주도를 그중 하나로 만들기 위해 호들갑 떨었던 것만큼 '불멸의 세계 타이틀'까지는 아닌 것 같다. 공신력(公信力)을 전혀 갖추지 못한 '**New7Wonders**'라는 단체가 전 세계인을 대상으로 유료 전화를 이용한 인기 투표(?) 이벤트를 열었다. 투표 결과를 공개하지 않았고, 중복 투표가 가능했기 때문에 절차의 정당성에 대한 의문과 비판이 있었지만, 그럼에도 여기에 선정되기 위해 막대한 지역 또는 국가 예산을 유료 ARS 전화 투표에 퍼다 부어 가며 우스꽝스러운 경쟁을 하기도 했다. 제주도의 경우는 당시 전화 요금에 집행된 예산이 200여 억 원에 달했다고 한다. 2007년에 선정된 '세계 7대 불가사의(New 7 Wonders)'도 이 정체 모를 단체의 작품이었고, 그때 역시 같은 논쟁이 있었다.

그 정체 모를 단체는 — 한몫 챙겨 먹고 — 흔적도 없이 사라졌고, 제주도와 마찬가지로 테이블 마운틴 곳곳에서 'Official New7Wonders of Nature'라는 우스운 문구를 볼 수 있다.

테이블 마운틴 풍경은 바다를 볼 수 있는 우리나라 산 정상에서 흔히 볼 수 있는 수준이다.
'Official New7Wonders of Nature'라고 부르는데 동의하기 어렵다.

삼성 다니는 남편과
까칠한 애 둘 데리고

12

글을 마치며

시작할 때는 욕심이 많았다. 그동안 다녀왔던, 많은 곳들을 모두 글로 담아 보고 싶었으나, 쉬운 일도 아니고, 의미 있는 일도 아니라는 것을 곧 알게 되었다. 그러다 보니, 겨우 열 개의 나라와 그곳에서의 우리 이야기를 두서없이 늘어놓는 수준에서 글을 마치게 되었다. 거창한 제목을 보고 책을 선택한 독자들께는 한없이 미안한 마음뿐이다. 추억이 있는 또 다른 곳에서의 못다 한 이야기들은 게으름을 털 수 있는 기약 없는 미래에 기약해야 할 것 같다.

우리의 이야기를 읽어 주셔서 감사합니다.

Danke, dass Sie unsere Geschichte gelesen haben.

Merci d'avoir lu notre histoire.

Grazie per aver letto la nostra storia.

Cảm ơn bạn đã đọc câu chuyện của chúng tôi.

私たちの物語を読んでくれてありがとう。

Thank you for reading our story.

Gracias por leer nuestra historia.

Dankie vir die lees van ons storie.